DER INDUSTRIEOFEN
IN EINZELDARSTELLUNGEN

HERAUSGEBER:

OB.-ING. L. LITINSKY
LEIPZIG

BAND: IV

FEUERFESTE BAUSTOFFE
IN SIEMENS-MARTIN-ÖFEN

VON

B. M. LARSEN UND **F. W. SCHROEDER**
ASSISTANT METALLURGIST   ASSISTANT CHEMIST
U. S. BUREAU OF MINES

UND

E. N. BAUER UND **J. W. CAMPBELL**
RESEARCH FELLOWS
CARNEGIE INSTITUTE OF TECHNOLOGY

INS DEUTSCHE ÜBERTRAGEN VON
DR. PHIL. WALTER STEGER
A. O. PROFESSOR DER TECHNISCHEN HOCHSCHULE
ZU BERLIN

Springer-Verlag Berlin Heid.. .g GmbH

1929

FEUERFESTE BAUSTOFFE IN SIEMENS-MARTIN-ÖFEN

VON

B. M. LARSEN UND F. W. SCHROEDER

ASSISTANT METALLURGIST   ASSISTANT CHEMIST

U. S. BUREAU OF MINES

UND

E. N. BAUER UND J. W. CAMPBELL

RESEARCH FELLOWS

CARNEGIE INSTITUTE OF TECHNOLOGY

INS DEUTSCHE ÜBERTRAGEN VON

DR. PHIL. WALTER STEGER

A. O. PROFESSOR DER TECHNISCHEN HOCHSCHULE
ZU BERLIN

MIT 37 FIGUREN, SOWIE 21 ZAHLENTAFELN
IM TEXT

Springer-Verlag Berlin Heidelberg GmbH

1929

ISBN 978-3-662-35898-6   ISBN 978-3-662-36728-5 (eBook)
DOI 10.1007/978-3-662-36728-5
Softcover reprint of the hardcover 1st edition 1929

Vorwort.

In der vorliegenden Abhandlung wird der Versuch gemacht, die Betriebsbedingungen, die die Verwendung und den Verbrauch der feuerfesten Baustoffe in den Siemens-Martin-Öfen bestimmen, so klar und genau wie möglich darzustellen. Über diesen Gegenstand sind schon wiederholt Veröffentlichungen erschienen; sie bestehen aber meist aus unklaren Verallgemeinerungen, die auf den Erfahrungen von Stahlwerkern oder von Fachleuten auf feuerfestem Gebiet aufgebaut sind. In einigen Fällen werden auch zahlenmäßige Angaben gemacht, die Zufallsanalysen von gebrauchten feuerfesten Steinen oder von Flugstaub sind. Es erscheint aber wünschenswert, den Ofenprozeß in seiner Einwirkung auf die verwendeten feuerfesten Baustoffe im einzelnen zu untersuchen, eine Arbeit die soviel genaue einschlägige Angaben, wie irgend zu erlangen, umfassen muß.

Das Studium der feuerfesten Baustoffe im Siemens-Martin-Ofen richtet sich nicht nur auf ein oder zwei klar umrissene Probleme; wir stehen hier vielmehr vor verwickelten Erscheinungen, die durch eine ganze Reihe von Faktoren, wie Arbeitstemperaturen, Ofenkonstruktion und Ofenbetriebsweise, Chemie und Gleichgewichtsverhältnisse der Schlacken, Metalle und feuerfesten Baustoffe, bedingt sind.

Die gegenseitige Abhängigkeit aller Einflüsse, die als Ursachen für die Zerstörung feuerfester Steine in Frage kommen, und das Bedürfnis, die Möglichkeiten einer Verbesserung der Steine nach Herstellungsart und Haltbarkeit im Gebrauch völlig übersehen zu können, wird eine genügende Erklärung für die hier vorliegende, etwas weitschweifige und ins Einzelne gehende Abhandlung und für die vielen Unterteilungen, welche eingeführt werden mußten, sein.

Das U. S. Bureau of Mines erkannte zuerst das Bedürfnis nach einer genaueren Kenntnis der Arbeitsbedingungen in Öfen, und zwar bei seinen Untersuchungen über die Schaffung verbesserter feuerfester Baustoffe für Öfen mit hohen Arbeitstemperaturen. Fragen, wie die folgenden tauchten auf:

1. Was sind wirklich die Ursachen der Zerstörung feuerfester Steine und wie verläuft sie in den verschiedenen Teilen des Ofens?

2. Sind diese Ursachen durchweg dieselben oder sind sie verschieden je nach den Teilen des Ofens?

3. Können Laboratoriumsprüfungen ausgearbeitet werden, die den Betriebsbedingungen genau genug entsprechen und umfangreiche und zeitraubende Versuche im Betriebe ersetzen?

4. Welche Änderungen in der Konstruktion und der Arbeitsweise sind zur Verbesserung des Siemens-Martin-Ofens notwendig, und welche Beziehungen bestehen zwischen diesen Verbesserungen und den Eigenschaften neuer feuerfester Baustoffe, deren Ausarbeitung Aufgabe der Forschung ist?

5. Können unsere Normenprüfverfahren für feuerfeste Baustoffe dahin geändert und erweitert werden, daß sie bessere Anhaltspunkte für die Eignung neuer feuerfester Baustoffe für den praktischen Gebrauch liefern? Zweifellos ist ein eingehendes Studium der Betriebsweise der Öfen der erste Schritt zur Lösung dieser Probleme.

Einige Anhaltszahlen mögen zur Erläuterung der wirtschaftlichen Bedeutung des Problems dienen. Die vom American Iron and Steel Institute für 1923 angegebenen Zahlen lassen erkennen, daß ungefähr 80% des in den Vereinigten Staaten in diesem Jahre hergestellten Block- und Stahlformgusses aus Siemens-Martin-Öfen stammten. Von dieser Produktion kamen ungefähr 96,4% aus basischen und 3,6% aus sauren Öfen. Bei gleichbleibenden sonstigen Bedingungen sind die Kosten der feuerfesten Baustoffe je t Stahl in sauren Öfen gewöhnlich niedriger als in basischen Öfen. Dieser Umstand, sowie der kleine Anteil an der Gesamtproduktion, welcher im sauren Verfahren erzeugt wird, zeigt, daß das bei weitem wichtigste Problem dasjenige der feuerfesten Baustoffe für den basischen Ofen ist. Die Gesamtproduktion an Block- und Stahlformguß aus basischen Öfen betrug im Jahre 1925 ungefähr 35560000 t. Schätzungen der gesamten Kosten für Ofenreparaturen und Neuzustellungen je t Stahl aus basischen Öfen sind den Verfassern zwischen 35 Cent. und 2,50 $ liegend angegeben worden. Fast alle diese Reparaturkosten rühren direkt oder indirekt vom Versagen der verwendeten feuerfesten Baustoffe her. Die niedrigste Angabe berücksichtigt nur die Arbeit und die Stoffe. Die höchste Angabe, die von einem anderen Stahlwerk stammt, faßt nicht nur die direkten Ausgaben für die bei den Reparaturen aufgewendete Arbeit und die Materialien, sondern auch eine genaue Schätzung der Verluste, die sich aus der Stillegung des Ofens ergeben. Aus diesen Angaben ist zu entnehmen, daß die Gesamtkosten für die feuerfesten Baustoffe nur für diesen Prozeß je Jahr annähernd 12000000 bis 87000000 $ betragen. Wenn die Zeit- und Arbeitsverluste aus der Stillegung der Öfen eingerechnet werden, so dürfte die tatsächliche Gesamtsumme wahrscheinlich der höheren Zahl näher kommen als der niedrigeren. Aber selbst diese Zahlen drücken noch nicht vollständig die ganze wirtschaftliche Bedeutung der feuerfesten Ofenbaustoffe aus, weil schon seit vielen Jahren Verbesserungen an Öfen in der Bauart und im Wirkungsgrad fast ganz durch die Beschränkungen verhindert worden sind, die die zur Verfügung stehenden feuerfesten Baustoffe mit sich bringen.

Wie schon festgestellt, kann das Problem der Betriebsweise von Siemens-Martin-Öfen nicht endgültig durch eine Reihe von Versuchen und Forschungsarbeiten gelöst werden. Manche Messungen lassen sich an einem im Betrieb befindlichen Ofen überhaupt nicht ausführen, die Verhältnisse in den verschiedenen Stahlwerken weichen außerdem wegen der Verschiedenheiten in Ofenkonstruktion und Betriebsführung voneinander ab. Die vorliegende Abhandlung stellt das ziemlich umfangreiche Ergebnis eines „Indizienbeweises" der chemischen und physikalischen Veränderungen und Verhältnisse in einer großen Anzahl von Öfen dar. Aus diesen Unterlagen lassen sich wissenschaftlich recht gut begründete Anhaltspunkte für die Ursachen und Wirkungen der Zerstörung der feuerfesten Baustoffe anstellen. Die örtlichen Verhältnisse in den Stahlwerken sind aber zu verschieden, als daß eine durchgreifende Abhilfe vorgeschlagen werden könnte. Wenn aber erst einmal die Ursachen der Zerstörung feuerfester Baustoffe klar erkannt worden sind, wird auch die Forschung durch Schaffung neuer feuerfester Baustoffe und verbesserter Öfen dahin führen, Mittel zur Abhilfe angeben zu können.

Kapitel I bringt eine Zusammenfassung und Besprechung der Ergebnisse der gelegentlichen Prüfung der Betriebsverhältnisse in 15 bis 20 Martinstahlwerken, und zwar hauptsächlich aus der Pittsburgher Gegend. Die wenigen Angaben über Lebensdauer der feuerfesten Baustoffe in den verschiedenen Ofenpartien, über Art und mögliche Ursachen ihres Versagens, über Beobachtungen am Steingefüge zur Reparatur stillgelegter Öfen usw. mögen als Ausgangspunkt für eingehendere und sorgfältigere Studien dienen. Der nächste Schritt hätte darin zu bestehen, den Ursachen nachzugehen und über die Art der Flußmittel und Oxydstaubteilchen, welche bis in alle Teile der Ofenzustellung vordringen und die feuerfesten Baustoffe angreifen, neue Erkenntnisse zu sammeln. Kapitel II enthält Analysen der Flugstaubablagerungen in einer großen Anzahl von Öfen, ferner Analysen einiger Flugstaubproben, die direkt aus dem Gasstrom aus den Zügen und aus den Kammern eines anderen Ofens entnommen worden sind. Dann folgt eine Untersuchung der Einwirkung dieser Oxyde auf die feuerfeste Zustellung. Kapitel III bringt eine Anzahl von Analysen von Schlackenablagerungen und von gebrauchten Steinen aus Öfen nach Beendigung einer Ofenreise. In Kapitel IV wird eine Übersicht über die Temperaturen der Ofenwände gegeben, die durch eine große Anzahl von Messungen auf verschiedenen Stahlwerken festgestellt worden sind, ferner werden Angaben über die Höhe der Temperaturen im Innern der Zustellung und über Verfahren der Temperaturmessung, über den Vorgang der Wärmeübertragung usw. gemacht. In Kapitel V werden die wahrscheinlichen Ursachen für das Versagen der feuerfesten Baustoffe erörtert; Kapitel VI befaßt sich mit der Ofenkonstruktion und ihrem Einfluß auf die Beanspruchung der feuerfesten Baustoffe. Die Ergebnisse sind voraussichtlich wissenschaftlich korrekt und kaum anfechtbar. Unter Zugrundelegung dieser Daten haben die Verfasser Theorien aufgestellt, welche die verschiedenen Ursachen des Versagens, die Verbesserung der Eigenschaften feuerfester Baustoffe und den Einfluß von Änderungen der Ofenkonstruktion auf die Beanspruchung der feuerfesten Baustoffe betreffen. Möglicherweise sind einige dieser Theorien nur beschränkt gültig, weil die Verhältnisse zu verwickelt sind, um sichere Schlüsse zuzulassen. Sie werden jedoch ihren Zweck erfüllen, wenn sie mit dazu dienen, das Problem der feuerfesten Baustoffe für Siemens-Martin-Öfen dem Verständnis näherzubringen und die Zusammenarbeit zwischen Herstellern und Verbrauchern dieser feuerfesten Baustoffe zu fördern.

A. C. Fieldener.

Superintendent, Pittsburgh Experiment Station
U. S. Bureau of Mines.

Vorwort des Herausgebers.

Über den Zweck und Ziel unserer Sammlung „Der Industrieofen in Einzeldarstellungen" unterrichtet mein Vorwort, welches in den bis jetzt erschienenen Bänden I—III dieser Sammlung wiederholt aufgenommen wurde. Ich begnüge mich deshalb, auf dieses Vorwort zu verweisen.

Die feuerfesten Stoffe sind in der Buchliteratur nicht in dem Maße vertreten, als es ihrer Bedeutung entspricht, so daß es dringend notwendig erschien, in unserer Bücherreihe auch für dieses Problem Raum zu schaffen. Wenn auch in dem gleichen Verlage vor einigen Jahren mein Buch „Schamotte und Silika" erschienen ist, so umfaßt dasselbe mit der Behandlung der Eigenschaften, Verwendung und Prüfung feuerfester Stoffe noch ein zu großes Gebiet. Die Sammlung „Der Industrieofen in Einzeldarstellungen" ist dagegen auf die Behandlung e i n z e l n e r Probleme zugeschnitten. Die feuerfesten Stoffe für S i e m e n s - M a r t i n - Ö f e n sind von einer solchen Bedeutung für die Stahlindustrie, daß es geboten erschien, im Rahmen der Bücherreihe „Der Industrieofen" auch diesem Gegenstand eine b e s o n d e r e M o n o g r a p h i e zu widmen. Hierfür schien mir eine deutsche Übersetzung des vorliegenden vom Carnegie-Institut of Technology herausgegebenen Buches bestens geeignet zu sein. Diese lesenswerte Studie verdient wegen ihres reichen Inhalts weiteste Verbreitung in Fachkreisen.

Ich hoffe, mit meiner Anregung einem wirklich dringenden Bedürfnis entsprochen zu haben, wenn ich mit Genehmigung des Carnegie-Institutes die Arbeit der vier amerikanischen Fachleute ins Deutsche übersetzen ließ und diese Übersetzung vom bestbekannten und bewährten Fachmann Prof. Dr. S t e g e r, dem ich an dieser Stelle danke, erbeten habe.

L e i p z i g, im April 1929.

L. Litinsky.

Bemerkung des Übersetzers.

Für die wertvolle Unterstützung bei der Übersetzung spreche ich Herrn Fabrikdirektor Dr.-Ing. H. K o h l meinen besten Dank aus.

Dr. Walter Steger.

Inhalt.

I. Betriebsbedingungen in Siemens-Martin-Werken.

1. Die gebräuchlichsten feuerfesten Baustoffe für moderne Siemens-Martin-Öfen.

a) Schamottesteine.

In den ersten Siemens-Martin-Öfen bildeten Schamottesteine den wesentlichen Baustoff für Gewölbe, Wände, Kammern und die anderen Teile des Ofens. Die weitere Entwicklung des Stahlprozesses und der Öfen brachte jedoch eine ständige Steigerung der Temperaturen und der Leistung mit sich. Aus diesem Grunde wurden in den Ofenteilen, die den höchsten Temperaturen ausgesetzt waren, die Schamottesteine fast ganz durch Silicasteine ersetzt. Silicamaterial scheint etwas weniger stark durch Schlacken und Flugstaub angegriffen zu werden. Wenn der Ofen überhitzt wird, kommen feuerfeste Gewölbe aus Schamottesteinen in Gefahr, durch Erweichung der Steine unter Belastung zusammenzusacken. In den heutigen Öfen werden aus diesem Grunde Schamottesteine ausschließlich für die Kammern, Kanäle und Schornsteine verwendet.

Für die Wände der Kammern und für das Gitterwerk derselben werden meist Schamottesteine erster Qualität benutzt, obgleich sie teurer sind als Silicasteine. An dieser Stelle sind die Temperaturen zu niedrig, um starken Schlackenangriff oder Erweichung zu verursachen. Schamottesteine halten hier länger, weil sie weniger leicht bei wiederholtem Erhitzen und Abkühlen reißen als Silicasteine. Während der Stahlherstellung führen die Abgase feine Oxydteilchen oder Flugstaub vom Stahlbade mit und lagern sie als eine mehr oder weniger gesinterte Schicht auf dem Gitterwerk ab. Wenn dieses erneuert werden muß, können die meisten Schamottesteine gereinigt und wieder verwendet werden. Der Anteil wieder verwendbarer Steine ist bei Silicagittersteinen viel geringer, weil sie empfindlicher gegen Temperaturwechsel sind und auch eine geringere mechanische Festigkeit besitzen. Ebenso sind die Kammerwände im allgemeinen widerstandsfähiger und dauerhafter, wenn sie aus Schamottesteinen aufgebaut werden. Eine geringere Qualität von Schamottesteinen wird verwendet zum Bau der Züge und Kanäle nach dem Schornstein; für diesen selbst genügen Schamottesteine zweiter und dritter Qualität. Diese Ofenteile werden selten erneuert. Zweitklassige Silicasteine benutzt man oft für die obersten 4 bis 6 Steinlagen des Gitterwerks. In Öfen mit heißgehenden Kammern wird diese Steinsorte häufig ausschließlich für das Gitterwerk benutzt. Schamottesteine scheinen bei Einwirkung der Flugstaubteilchen bei niedrigeren Temperaturen zu schmelzen als Silicasteine; genaue zahlenmäßige Angaben hierüber fehlen aber noch.

b) Magnesit.

Im allgemeinen werden die Herde basischer Siemens-Martin-Öfen mit einer Bodenschicht aus Schamottesteinen gemauert; darauf kommen Magnesitsteine, dann totgebrannter gekörnter Magnesit, der wiederum als oberste Lage eine gesinterte glattgestampfte Magnesitschicht trägt. Es sind früher auch Böden aus Dolomit und Chromit benutzt worden, man hat aber die Anwendung dieser Stoffe nirgends beibehalten. Dolomitböden wurden während des Weltkrieges in großem Maße ausprobiert, sie scheinen aber weniger gute Dienste als Magnesit geleistet zu haben. Bei der fortschreitenden Entwicklung in der Herstellung schlackenbeständiger Dolomiterzeugnisse und Dolomitsteine ist es möglich, daß der Magnesit einmal zum Teil durch dieses Material ersetzt wird. Chromitböden erschienen ziemlich aussichtsreich, sie sind aber nicht hinreichend ausprobiert worden. Sowohl roher wie gebrannter Dolomit werden in großem Umfange als Herdstampfmasse benutzt. Im allgemeinen verwendet man zum Flicken schlechter Stellen und ausgefressener Vertiefungen im Herdboden totgebrannten körnigen Magnesit, während weniger ausgedehnte Reparaturen mit rohem oder gebranntem Dolomit ausgeführt werden. In geringem Maße werden auch besondere, durch Zusatz von Flußmitteln gesinterte Dolomitarten zum Flicken der Böden verwendet. Sie sind zwar teurer, zerfallen aber weniger bei Luftzutritt und sintern an Ort und Stelle zu einem dichten, undurchlässigen Bestandteil des Herdes.

c) Silicasteine.

In der Regel werden heute alle Gewölbe, etwa 70 bis 90 Proz. der Seitenwände, Brennerenden, absteigenden Züge und Schlackenkammern aus Silicanormalsteinen oder Silicaformsteinen gemauert. Dieser Baustoff ist billig, widerstandsfähig gegen Schlackenangriff und Absplittern, er besitzt einen bemerkenswert hohen Schmelzpunkt (1680 bis 1710° C bei ungebrauchten Steinen) und wird unter Belastung weder erweicht noch zusammengedrückt, selbst wenn Temperaturen bis nahe unterhalb seines Schmelzpunktes erreicht werden. Für das Ofengewölbe und die Brennergewölbe ist kein anderes wohlfeiles Material verfügbar, das eine ähnliche günstige Vereinigung von physikalischen Eigenschaften besitzt. Trotzdem werden solche Gewölbe in 75 bis 150 Tagen durch Absplittern, Abschmelzen und Flugstaubangriff zerstört. In der Regel ist die Haltbarkeit des Gewölbes für die Länge der Ofenreise maßgebend. Wenn sich der Zeitpunkt nähert, an dem ein Gewölbe unbrauchbar wird, muß der ganze Ofen zu ausgedehnten Reparaturen außer Betrieb gesetzt werden. Seitenwände und Köpfe der Brennerrückstände aus Silica werden noch schneller abgenutzt und müssen gewöhnlich zwei- oder dreimal innerhalb der Zeit der Haltbarkeit des Gewölbes ersetzt oder repariert werden. Man hat schon viele Versuche in Stahlwerken ausgeführt, um die Silicasteine in diesen Wänden durch andere feuerfeste Baustoffe zu ersetzen.

Magnesitsteine werden zuweilen für Rückwände benutzt, und zwar besonders in kippbaren Talbotöfen, in denen die Rückwand starkem Schlackenangriff während des heftigen Kochens des Bades ausgesetzt ist und dann, wenn der Ofen zur Entleerung gekippt wird. Die Magnesitsteine springen zwar häufig in diesen Wänden, aber in Talbotöfen können die hierdurch entstehenden Löcher mit gekörntem Magnesit oder Dolomit geflickt werden, die Wände können auf diese Weise lange im Gebrauch bleiben. Metallgefaßte*) Magnesitsteine werden oft zum Aufbau der oberen Teile der Köpfe der Brennerrückwände verwendet, und zwar an den Stellen, auf die die abziehenden Feuergase treffen, und an denen sie nach unten in die Schlackenkammer abgelenkt werden. Flugstaubteilchen, die von den Feuergasen auf die Oberfläche dieser Wand geschleudert werden, verursachen einen starken Schlackenangriff in dieser Ofenzone. Silicawände werden hier in den meisten Fällen sehr schnell weggefressen. Wände aus gewöhnlichen Magnesitsteinen splittern zu leicht ab, um an dieser Stelle verwendbar zu sein, die metallgefaßten Steine dagegen verbinden eine gute Widerstandsfähigkeit gegen Schlackenangriff mit einer geringeren Neigung zum Abplatzen und leisten deshalb recht gute Dienste. Die genannten Steine werden durch Einstampfen von totgebranntem Magnesit in Stahlrohre oder rechteckige Kästen hergestellt. Beim Gebrauch scheint sich das Eisen zu oxydieren und mit dem Magnesit zu einer festen Schicht zu verbinden. Dies geschieht wahrscheinlich in den Köpfen der Brennerrückwände, deren Temperatur meist unter dem Schmelzpunkt von Stahl liegt.

Diese Steine haben auf verschiedenen Werken sehr voneinander abweichende Resultate ergeben, wenn sie in die unteren Teile der Seitenwände des Schmelzraums eingebaut wurden. Da die Wände Temperaturen ausgesetzt sind, die über dem Schmelzpunkt des Stahls liegen, schmelzen die Kästen wahrscheinlich weg, ehe sie oxydiert werden, wenn der Ofen nicht sehr langsam angewärmt wird. Bei einigen Vergleichsversuchen an mehreren Rückwänden von Talbotöfen leisteten auf einem Stahlwerk gewöhnliche Magnesitsteinwände bessere Dienste als solche, die aus metallgefaßten Steinen aufgebaut waren. Die Eisenfassungen (es waren 46 cm lange Abschnitte von Siederohren) sollen von der Herdseite aus heruntergeschmolzen sein, so daß die bloßen zylindrischen Magnesitkerne übrigblieben. Diese platzten weg, die Wände schmolzen deshalb in kurzer Zeit zurück.

Die Köpfe der Brennerrückwände sind auch derart hergestellt worden, daß man abwechselnd Schichten von gewöhnlichen Magnesitsteinen und von dünnen Stahlplatten übereinanderlegte. Über die mit dieser Anordnung erzielten Resultate ist Vielversprechendes berichtet worden.

d) Chromit.

Die Verwendung von feuerfesten Steinen aus Chromit hat in den letzten Jahren beim Bau von Siemens-Martin-Öfen immer größere Verbreitung gefunden. Gemahlener Chromit ist bereits für Herde verwendet worden, ferner

---

*) „Metalkase.“

wurde Chromit als Anstrichmasse für Silica- oder Magnesitsteine an den Ofenköpfen und Brennerkanälen angewandt. Chromit scheint gegen Verschlackung durch Eisenoxyd und kalkhaltige Schlacken im basischen Ofen widerstandsfähig zu sein, es schützt deshalb wahrscheinlich die Oberfläche für einige Zeit gegen Korrosion. Ungebrannte Blöcke von natürlichem Chromit sind zum Bau von Feuerbrücken und der unteren Teile der Seitenwände benutzt worden. Die Blöcke neigen ziemlich stark zum Absplittern, solche Wände werden daher unten breit mit nach oben zu abgeschrägter Innenfläche gebaut, welche während des Betriebes ausgeflickt werden kann. Geformte Chromitsteine werden für die senkrechten Seitenwände und für die Köpfe der Brennerrückwände verwandt. Mehrere Jahre lang wurde dieser Stein als Isolierschicht zwischen der Magnesit- und der Silicaausmauerung eingebaut, um eine Wechselwirkung zwischen Magnesit und Silica zu verhindern. Diese Zone wurde später bei einigen Rückwänden auf 6 bis 10 Lagen Chromitsteine verstärkt mit dem Ergebnis, daß an dieser Stelle der Wand eine viel geringere Zerstörung durch Verschlackung eintrat. Ganze Rück- und Vorderwände wurden ebenfalls aus Chromitsteinen aufgemauert. Sie haben eine viel längere Lebensdauer als Silicawände ergeben. Chromitsteine haben einen hohen Schmelzpunkt und eine große Widerstandsfähigkeit gegen Schlackenangriff. In der Regel werden sie durch Absplittern zerstört, in einigen Fällen durch zu frühes Erweichen unter geringer Belastung bei hohen Temperaturen.

Andere feuerfeste Spezialmassen sind stellenweise in verschiedenen Öfen ausprobiert, aber schließlich in fast allen Fällen wieder verworfen worden. Hierzu gehören Spinell-, Tonerde-, Carborundum- und Mullitsteine. Den Verfassern sind Versuche mit diesen Massen nicht in dem Maße bekannt geworden, um ihre guten oder schlechten Eigenschaften genügend beurteilen zu können, oder um endgültig zu entscheiden, ob sie zur Verwendung in Siemens-Martin-Öfen geeignet sind oder nicht.

2. Wasserkühlung und Isolierung.

a) Verfahren der Wasserkühlung und ihre Bedeutung.

Die Seitenwände und Gewölbe werden an bestimmten Stellen oft derartig abgenutzt, daß sie sehr dünn und an der Außenseite, wo sie mit der Eisenarmierung oder den Gewölbeauflagern in Berührung stehen, rotglühend werden. Die hierdur chentstehende Überhitzung bewirkt, zusammen mit der normalen Beanspruchung durch Belastung und Ausdehnung, daß die Träger sich biegen und senken. Die Wasserkühlrohre liegen oft unter den Gewölbeauflagern und auf der Eisenarmierung, um das Verziehen oder Krümmen des Trägerfachwerkes zu verhindern. In den meisten Öfen werden die Einsatztüren und Türrahmen gekühlt; die Metallteile werden auf diese Weise vor dem Schmelzen und Verziehen geschützt, ferner werden dadurch die Arbeitsbedingungen vor dem Ofen ebenfalls verbessert. Hingegen scheint die Wasserkühlung nur geringen Einfluß auf die Haltbarkeit der feuerfesten Steine in der Vorderwand zu haben.

In mit Generatorgas beheizten Öfen ist es notwendig, jede Veränderung der Form der Gaszüge zu vermeiden. Sie wird meist durch die Zerstörung des feuerfesten Mauerwerks verursacht. Kühlung der Brennerkanäle ist deshalb fast allgemein üblich. Zuweilen werden Kühlrohre in die Ofenköpfe an jedem Ende des Herdes eingebaut. Die Gewölbe über den Gasbrennern werden häufig durch Reihen von engen Kühlrohren geschützt. In einigen Öfen sind verschiedene Arten von Kühlungen in die Wände von Gas- und Luft-kanälen verlegt worden. Kühlkästen in Höhe der Oberfläche des Schlacken-bades oder dicht über derselben in Form abgeflachter Rohre sind in die Rückwände von Öfen eingebaut worden. Auch hat man ähnliche Kühlungen in die oberen Teile von Rückwänden gelegt.

Die Wasserkühlrohre in den Brennerkanälen und Ofenköpfen werden oft durch den Druck, den die Steinwände infolge ihrer Ausdehnung auf die Stahlgußunterlagen der Verankerung ausüben, zerdrückt. Man kann dies durch Aussparung eines genügenden Spielraums zwischen Unterlage und Mauerwerk beim Einbau der Kühlrohre vermeiden. Bei unreinem Kühlwasser kann sich innen an den Kühlrohren so stark Kesselstein ansetzen, daß der Wärmefluß durch die Metallwände beträchtlich vermindert wird und daß diese Rohre von außen her oxydiert und durchgebrannt werden. Derartige lecke Stellen werden besonders gefährlich, wenn das Wasser in den Herdraum eindringen kann; gewöhnlich muß dann der Ofen wegen Explosionsgefahr stillgelegt werden.

Die Verfasser haben oft den Eindruck gehabt, daß die relativ geringe Wirkung der Wasserkühlung mit einer schnelleren Zerstörung der feuerfesten Zustellung erkauft worden ist. Das Vorhandensein wassergekühlter Rohre oder Kästen im mittleren oder äußeren Teil einer Wand scheint meist keinen Einfluß auf die Temperatur der inneren Oberfläche dieser Wand zu haben, selbst wenn die Steinschicht zwischen der Kühlvorrichtung und der erhitzten Oberfläche nur 2,5 bis 5 cm stark ist. Es konnten wiederholt Öfen beobachtet werden, in denen die Wasserkühleinrichtungen mit dem ursprünglich ihre Oberfläche bedeckenden Mauerwerk vollständig abgeschmolzen oder ab-gesplittert waren. In der Regel wird jeder Teil der Wandung, der ohne Wasser-kühlung in normaler Weise rasch abgenutzt wird, auch mit Wasserkühlung mit derselben Geschwindigkeit zerstört werden, bis die Kühlfläche zum Ofen zu freiliegt. Sobald dies erst eintritt, wird oft ein Teil der Wandung zwischen zwei Kühlelementen herunterschmelzen, wenn die gekühlten Oberflächen um mehr als einige Zoll durch Mauerwerk getrennt sind. Beispielsweise wurden die Wände am Gasbrenneraustritt in mehreren basischen 72 t Siemens-Martin-Öfen eines Werkes durch die Anordnung von Kühlrohrreihen hinter 12 cm starkem Silicamauerwerk gekühlt. Diese Steinschicht schmolz in ihrer ganzen Stärke an bestimmten Stellen vollständig herunter, so daß die bloßgelegten Wasserrohre den Feuergasen ausgesetzt waren. Die Rohre waren bald mit einer Schicht von festen Teilchen, die von den Gasen mitgerissen waren, bedeckt.

Tatsächlich ist die Wärmeleitfähigkeit der gewöhnlichen feuerfesten Bau-stoffe so gering, daß Wasserkühlung unter den üblichen Arbeitsbedingungen scheinbar nur geringen Einfluß auf die Temperaturen an der Herdseite ausübt. Die Kühlvorrichtungen werden die Wandflächen, die hinter ihnen liegen, schützen, außerdem auch kleine Teile der Wand zwischen zwei Kühlungen. Sie werden auch eine bereits abgeschmolzene Wand, die dünn und schwach geworden ist und ohne das Vorhandensein der Kühlung zeitiger zusammenstürzen würde, stützen und befestigen. Die sogenannte Schutzwirkung vieler Kühlvorrichtungen an der Schlackenoberfläche, in den Ofenköpfen und in den Brennerenden ist jedoch stark übertrieben worden. Auf der anderen Seite ist die Kühlung der Stahlverankerung durchaus möglich. Die Anwendung der Kühlung an den Gasbrennern in mit Generatorgas beheizten Öfen scheint unter den gegenwärtigen Bedingungen ein notwendiges Übel zu sein, vielleicht so lange, bis ein höchstfeuerfester Baustoff für derartige besondere Zwecke gefunden worden ist.

b) Verwendung und Wert der Isolierung.

In kleinerem Maßstabe hat man bei dem Bau von Siemens-Martin-Öfen Wärmeisolierung angewendet. Die Kammern sind auf mehreren Stahlwerken wärmeisoliert worden. Der Vorteil einer derartigen Konstruktion ist ohne weiteres augenfällig in Anlagen, welche Abhitzekessel besitzen. In einer Gießerei sind die Kammern, die aufsteigenden Züge, die Brennerenden und die Gewölbe über den Brennerkanälen mit gutem Erfolg isoliert worden. Diese Maßnahme verspricht gute Ergebnisse für den Ofenbetrieb und die Lebensdauer der feuerfesten Baustoffe; über dieses Thema wird des weiteren noch in Kapitel VI gesprochen werden.

3. Lebensdauer der feuerfesten Baustoffe im Ofenbetriebe.

Eine Gesamtübersicht über die Betriebsbedingungen in 18 amerikanischen Siemens-Martin-Werken, die in Tabelle 1 gegeben ist, enthält unter anderem Anhaltszahlen für die Lebensdauer der in den verschiedenen Teilen der Öfen verwendeten feuerfesten Baustoffe. Die örtlichen Arbeitsbedingungen sind zu verschieden und zu verwickelt, um genau in einer solchen Tabelle angegeben werden zu können. Sie kann aber wenigstens einige allgemeine Anhaltspunkte liefern.

Die Lebensdauer eines Gewölbes wird gewöhnlich als eine Ofenreise bezeichnet, weil, wenn sein Ersatz notwendig wird, der Ofen gewöhnlich für eine Woche oder länger stillgelegt werden muß. Ein Gewölbe in einem basischen Siemens-Martin-Ofen wird etwa bis zu 500 bis 600 Chargen in kleineren Öfen aushalten, herab bis 200 Chargen in größeren Öfen. Die einzelnen Schmelzungen dauern aber in großen Öfen länger, und wenn man die Zahl der wirklichen Arbeitstage in Betracht zieht, wird man für die großen sowohl wie für die kleinen Öfen eine durchschnittliche Lebensdauer von 100 bis 125 Tagen finden. Ofenreisen von 150 Tagen Dauer oder mehr gehören zu den Ausnahmen; schlecht gehende oder falsch konstruierte Öfen halten oft nur 50 bis 75 Tage. In sauer zugestellten Öfen ist im allgemeinen eine etwas längere

Lebensdauer der Gewölbe festzustellen, trotz der Tatsache, daß ein oder zwei Werke, die basische Öfen nebeneinander im Gebrauch haben, über keine erheblichen Unterschiede in dieser Hinsicht berichten. Eine Gießerei erreichte bei einem sauren 20 t Ofen eine Rekordlebensdauer von ungefähr 400 Arbeitstagen. Ofenreisen von 200 bis 300 Arbeitstagen sind in sauren Öfen nichts Ungewöhnliches. Bei Verwendung von Silicasteinen nutzen sich die Rück- und Vorderwände schneller ab als das Gewölbe in demselben Ofen. In manchen Öfen kann eine solche Wand dadurch ebenso lange wie das Gewölbe erhalten werden, daß man die schwachen Stellen heiß repariert. In der Regel erfordert jedoch die Lebensdauer eines Gewölbes eine ein- bis dreimalige Erneuerung der Wände. In einigen Werken wurden die Rückwände schneller zerstört als die Stirnwände; in anderen beobachtet man wieder das Gegenteil.

In einigen Stahlwerken werden gleichzeitig mit jedem Gewölbe auch neue Brennerenden gebaut; in anderen überstehen diese die Lebensdauer von 2 bis 3 Gewölben. Bestimmte Stellen der oberen Teile der Brennerrückwände sind der Strahlung vom Brenner her ausgesetzt und liegen direkt in der Richtung der abströmenden Feuergase. Diese Teile werden im allgemeinen viel schneller durch Verschlackung abgenutzt als das Brennerende selbst, und wenn sie aus Silicasteinen gebaut sind, müssen sie gewöhnlich während der Lebensdauer eines Gewölbes mehrmals ausgebessert oder ersetzt werden. In der Regel halten jedoch Stirnwände aus Chromit- und metallgefaßten Steinen die ganze Ofenreise aus und werden nur bei großen Reparaturen ersetzt.

Basische Herde brauchen oft erst nach 15 bis 25 Jahren vollständig erneuert zu werden. Dieser Umstand erweckt oft den Eindruck, daß die Lebensdauer der feuerfesten Baustoffe in diesem Ofenteil sehr befriedigend ist. Der einzige Grund hierfür ist jedoch der, daß die Lage des Herdes im Ofen es möglich macht, ständig die im Herdboden entstehenden Löcher und die durch Korrosion an den Feuerbrücken gebildeten Aushöhlungen auszuflicken. Diese Reparaturen erfordern 15 bis 50 kg gekörnten Magnesit oder Dolomit pro Tonne im Ofen erzeugten Stahls; die Kosten hierfür sind ein wichtiger Posten in den Gesamtaufwendungen für feuerfeste Baustoffe.

Das Gitterwerk dürfte in den meisten Öfen so lange wie ein Gewölbe halten, ehe es ersetzt oder von dem Oxydflugstaub, der die Öffnungen verstopft, gereinigt werden muß. Bei großen Reparaturen werden 20 bis 50 Proz. der Steine im oberen Teile des Gitterwerkes ausgewechselt und die unteren Teile gereinigt. In einigen Öfen wird das Gitterwerk gereinigt, nur einige obere Lagen werden einmal innerhalb der Lebensdauer des Gewölbes ersetzt. In der Regel wird das Gitterwerk ungefähr einmal im Jahre vollständig erneuert. Die Kammerwände und -gewölbe halten oft mehrere Jahre aus.

Tabelle 1.

Zusammenstellung der Betriebsergebnisse mit feuerfesten Baustoffen in 18 amerikanischen Stahlwerken.

Nr. des Stahlwerkes	Zustellung des Ofens*)	Fassungsvermögen t	Brennstoff	Gewölbehaltbarkeit (Anzahl der Schmelzungen)	Gewölbehaltbarkeit, ungefähr (Tage)	Haltbarkeit der Rückwände (Schmelzungen)
7	basisch	gebaut für 50 Abstichgewicht 80	Generatorgas, Teer	230—275 (jede 10 Stunden) 200	96—110 83	Teilweise 2- oder 3 mal pro Gewölbe ersetzt
3	basisch	gebaut für 100 Abstichgewicht 100	Abwechselnd Teer, Öl, Generator- und Koksofengas	Im Mittel 300, max. 331	Im Mittel 125, max. 138	Im Mittel 100
8	basisch sauer	40 15	Öl Öl	Im Mittel 225 Annähernd 1000	Im Mittel 94	Im Mittel 225
1	basisch	gebaut für 100 Abstichgewicht 115	Generatorgas	220—250 (jede 12 Stunden)	110—125	6 Schmelzungen je Gewölbe oder 40 (bei reichlichem Einsetzen)
9	basisch	—	Öl, Natur- und Generatorgas	270—300	—	—
10	basisch	gebaut für 20 Abstichgewicht 23—28	—	275—300	—	—
11	basisch sauer	60 60	Öl Öl	250	—	—
12	basisch	75—100	Generatorgas	200—250	100—125	120
13	basisch	gebaut für 50 Abstichgewicht 75	Gas	Im Mittel 300, max. 450	Im Mittel 110, max. 150—160	Beträchtliche Schwankungen
14	basisch	15	—	300	—	—
15	basisch	15—25	Öl	500 (jede 6 Stunden)	125	200—250
4	basisch	50	Öl	250	100—115	—
16	basisch	60—100	Generatorgas	225 (jede 12 Stunden)	113	110—115
6	sauer	gebaut für 15 Abstichgewicht 20	Öl	Im Mittel 1000, max. 1346	Im Mittel 291, max. 396	—
5	basisch basisch Talbot*)	gebaut für 50 Abstichgewicht 60 250—350	Teer und Generatorgas	148 (jede 12 Stunden) 249	74	4¹/₂ je Gewölbe
17	—	—	—	180	—	—
18	basisch	75	Öl	400	—	200

*) Sämtlich feststehend mit Ausnahme des basischen Talbotofens.

Fortsetzung der Tabelle 1.

Nr. des Stahlwerkes	Zustellung der Rückwand	Haltbarkeit der Vorderwand (Schmelzungen).	Haltbarkeit des Gitterwerks (Schmelzungen).	Wasserkühlung *)	Material der Brennerenden
7	Silica	Teilweise 2- oder 3 mal je Gewölbe ersetzt	Gereinigt bei jeder großen Reparatur, etwa $^1/_3$ erneuert	Wie üblich	Silica
3	7 Lagen Magnesit im Herd; Chromit an der Schlackenzone; Silica an den Widerlagern	Im Mittel 100	Gereinigt bei jeder Neuzustellung; annähernd 40% erneuert	Mehr als üblich; Kühlkästen an der Schlakkenzone	Silica
8	Silica	Im Mittel 225	Gereinigt bei jeder Neuzustellung; $^1/_3$ bis $^1/_2$ erneuert	Wie üblich	Chromit, überdauert Silica 2- oder 3 mal. Kurzer Ofen, die Flamme geht in die absteigenden Züge
1	Magnesit im Herd; 1 Lage Chromit über der Schlackenzone; Silica an den Widerlagern	4 je Gewölbe oder annähernd 60 (bei reichlichem Einsetzen)	Gereinigt und repariert bei jeder großen Reparatur	Mehr als üblich; Kühlkästen an der Schlakkenzone	Silica
9	Magnesit und Silica	—	Einmal im Jahre erneuert	—	Silica (ersetzbar)
10	Magnesit, Chromit und Silica	—	—	—	—
11	—	—	—	—	Metallgefaßte Magnesitsteine
12	6 Lagen Magnesit, Chromit und Silica	120	Gereinigt und repariert alle 120 Schmelzungen; erneuert etwa nach je 600 Schmelzungen	Mehr als üblich	Metallgefaßter Magnesit mit Silica; wassergekühlte Decke; Chromit; Silica in den Schlakkenkammern
13	Magnesit und Silica mit Kühlkästen an der Schlackenzone	Beträchliche Schwankungen	—	Außergewöhnlich umfangreich	—
14	Magnesit, 12 mm Chromit und Silica	—	Etwa 600	—	—
15	Silica	200—250	—	Sehr wenig, Isolierung von Kammern und Kanälen	Silica, isoliert mit 2 Schichten Isoliersteinen. Gute Ergebnisse
4	Silica	—	—	—	—
16	Magnesit, Chromit, Chromitstein und Silica	110—115	Gereinigt und zum Teil erneuert nach je 110 Schmelzungen	Wie üblich	—
6	—	—	—	—	Silica, nach annähernd 350 Schmelzungen erneuert
5	Magnesit und Silica	$3^1/_2$ je Gewölbe	Gereinigt und zum Teil nach jeder Ofenreise erneuert	Wie üblich	Silica, 2 oder 3 je Ofenreise; Chromit 1 je Ofenreise
17	—	—	250	—	—
18	Silicaanstrichmasse mit Chromit	250	—	Unter Durchschnitt	—

*) Wasserkühlung von üblichem Umfang umfaßt: Türrahmen, Einsatztüren, Widerlager und Brennerkanäle. In Einzelfällen befinden sich Kühlvorrichtungen an der Schlackenzone, in der Rückwand, in den Ofenköpfen und in den Brennerrückwänden und -gewölben.

4. Wirkung der Stahlherstellung auf die Ofenzustellung.

a) Korrosion der Wände durch Schlacken und Flußmittel.

Im neu zugestellten Ofen findet die erste merkliche Korrosion durch den Angriff des Schlackenbades auf den Herdboden statt. Der vorstehende Rand, welcher sich gerade an oder dicht über der Schlackenzone bildet, muß nach jeder Schmelzung ausgefüllt werden. Nach den ersten Betriebstagen fangen die Kopfwände gegenüber den Brennerkanälen an, merklich wegzuschmelzen, besonders wenn sie aus Silicasteinen gemauert sind. Nach etwa einer Woche beginnen die scharfen Umrisse der Silicasteine in den Seitenwänden und im Gewölbe zu verschwinden, die Steine erweichen und verschmelzen an ihrer inneren Oberfläche allmählich miteinander, wobei sich auf der Oberfläche eine braune Glasur bildet.

Im weiteren Verlauf der Stahlherstellung prallen auf die Wände der Gaskanäle, die Brennerenden und absteigenden Züge fortgesetzt kleinste Teilchen schmelzender Oxyde auf, die von den Feuergasen mitgerissen werden. Dieser Flugstaub reagiert mit dem Silicamauerwerk und bildet eine geschmolzene Schlackenschicht auf den Wänden, welche allmählich nach unten in die Schlackenkammern abfließt. Durch die Korrosion werden die Wände rauh und gerieft in der Weise, daß die Riefen der Richtung der Feuergase folgen. Die Partien in den Brennerrückwänden, die den Brennerkanälen gegenüberliegen, werden am schnellsten abgefressen, da sie der Hitze und der Flugasche am meisten ausgesetzt sind. Im Herdraum werden Seitenwände und Gewölbe langsamer und schrittweise abgeschmolzen. Die unteren Teile der Seitenwände werden gewöhnlich schneller durch die Schlackenspritzer aus dem Schmelzbade angegriffen, während die oberen Teile der Seitenwände und das Gewölbe nur durch die kleinen von den Feuergasen mitgeführten Oxydteilchen angegriffen zu werden scheinen, welche eine langsame und gleichmäßige Korrosion an allen diesen Flächen verursachen.

b) Schmelzerscheinungen an den Silicawänden.

Im Herdraum, wo man bei Temperaturen dicht unterhalb des Schmelzpunktes der Silicasteine arbeitet, werden Wände und Gewölbe nicht nur an der Oberfläche abgeschmolzen, sondern es treten manchmal Überhitzungen auf, wodurch ganze Teile der Zustellung zusammenschmelzen. Dies geschieht meist an den oberen Teilen der Rückwände und dem angrenzenden Teil des Gewölbes. Zuweilen wird eine Zone des mittleren Teils des Gewölbes über der Abstichöffnung sehr stark weggeschmolzen. Gewöhnlich beobachtet man kleine stalaktitenartige Gebilde über die ganze Herdseite eines alten Gewölbes verteilt, die das Herabtropfen oder „Schwitzen" der Silicasteine zeigen. Manchmal wird ein kleiner Teil des Gewölbes durch eine Stichflamme überhitzt und heruntergeschmolzen, wodurch ein Loch im Gewölbe entsteht.

c) Absplittern des Mauerwerks am Gewölbe und an den Wänden.

Absplittern oder Abspringen von Stücken des Mauerwerks tritt häufig auf und bildet eine wichtige Ursache für die Zerstörung des Gewölbes und der Seitenwände im Herdraum der meisten Öfen. Relativ selten findet das Absplittern an den Kopfwänden, Brennerkanälen, absteigenden Zügen und Wärmespeichern statt, es hat dort nur geringen Einfluß auf die Lebensdauer der Steine. Die Zerstörung durch Absplittern ist am größten an den Vorderwänden neben und über den Einsatztürrahmen, weniger dagegen am Gewölbe und an den Rückwänden.

Während der Haltbarkeitsdauer von fast jedem Gewölbe brechen einige Steine wagerecht mitten durch, so daß sich ein Achtel oder sogar die Hälfte eines Steins loslöst und in das Bad herabfällt. An diesen Stellen bleibt ein rechteckiges Loch im Gewölbe zurück. In der Regel beginnt bald danach das Abplatzen des Mauerwerks rund um das Loch, auch tritt oft an dieser Stelle ein vermehrtes Abschmelzen des Mauerwerks ein. Es bilden sich dann bald kleinere Flächen bis zu solchen von der Größe mehrerer Quadratfuß, an denen die Abnutzung der Gewölbezustellung stark beschleunigt wird. In vielen Fällen geht sie so weit, daß ein Loch durch das ganze Gewölbe hindurch entsteht. Eine verkürzte Haltbarkeit und vermehrte Reparaturausgaben sind deshalb im allgemeinen die Folge der Absplitterungen. Das Ausbrechen von Stücken aus den Gewölbeformsteinen ist wahrscheinlich das Ergebnis der kombinierten Wirkung mehrerer nachstehend aufgeführter Faktoren, die allerdings nicht gleich in der Größe ihrer Wirkung sind. 1. Ungewöhnlich großer Mauerdruck, hervorgerufen durch die mit zunehmender Wärmeausdehnung steigende Pressung der Steine gegen die Widerlager. 2. Verzogene Formsteine mit krummen Oberflächen, wodurch örtliche Druck- und Scherspannungen erzeugt werden. 3. Zonales Gefüge, das im Innern der Steine durch Umlagerungen und Sättigung mit Flußmitteln entsteht und, dadurch hervorgerufen, Wechsel der Eigenschaften von Zone zu Zone. 4. Starkes Temperaturgefälle von der Herdseite zur Außenseite des Gewölbes. 5. Rasche Abkühlung und Wiedererhitzung der Herdseite des Gewölbes zwischen den einzelnen Schmelzungen.

Eine andere Art des Absplitterns konnte in einigen Gewölben beobachtet werden. Die Ecken und Kanten der Steine fangen an der Herdseite an, in kleinen Stücken abzuplatzen, so daß sich schließlich eine wellige Gewölbeoberfläche mit ebenso vielen Erhöhungen und Vertiefungen, wie Steinreihen und Fugen vorhanden sind, bildet. Bei so ungleichmäßiger Gestaltung der Oberfläche wird das Gewölbe natürlich viel rascher abgenutzt, auch können sich leicht Löcher bilden. Das Wegbrechen von Ecken und Kanten wird wahrscheinlich in einzelnen Fällen durch zu schnelles Anwärmen des neuen Gewölbes oder durch die Verwendung einer Serie schlecht gebrannter Silicasteine verursacht. In diesem Falle würde der Grund in den Spannungen liegen, die durch zu schnelle, besonders an den Umwandlungspunkten von Quarz und Cristobalit stattfindende Ausdehnung hervorgerufen wurden. Ein außerordentlich starker Druck kann manchmal an der inneren Seite des Gewölbemauerwerkes dadurch entstehen, daß sich dieser höher erhitzte Teil der Steine stärker ausdehnt; die Folge ist das Wegplatzen keilförmiger Stücke an den Ecken.

Fletcher[20a]) ist der Ansicht, daß durch Abrundung der Ecken das Abplatzen derselben vermieden wird, und daß Steine von dieser Form vorteilhaft an den Bögen und Pfosten der Einsatztüren zu verwenden seien.

Gefährliches Abplatzen der Silicasteine tritt zuerst ein, wenn das Gas im kalten Ofen angestellt wird. *Le Chatelier* und *Bogitsch*[34]) sind der Ansicht, daß Silicamauerwerk vom kalten Zustand bis zu einer Temperatur von etwa 500° C nicht schneller als um 50° C in der Stunde erwärmt werden soll. *C. L. Kinney jr.* von der Illinois Steel Co. bezeichnet es als nicht ungewöhnlich, daß ein Gewölbe absplittert, wenn es von den Flammen eines Holzfeuers berührt wird. Er hat starke Absplitterungen am Ausgang der Schlackenkammern, an Gewölbe und Seitenwänden beobachtet, nachdem das Gas erst 20 Minuten lang im Ofen angestellt worden war, und hält es für denkbar, daß derartige Oberflächenwirkungen die Anzeichen innerer Spannungen sind, die eine Schwächung und Zermürbung im Gefüge des Mauerwerks hervorrufen.

Eine andere und weniger offensichtliche Ursache für das Absplittern kann in der Verschiedenheit des Wärmeflusses an Rissen, an den Anschlußstellen verschiedenartiger Formsteine oder an verschieden starken Steinschichten des Gewölbes liegen. In Anbetracht der hohen Arbeitstemperaturen im Innern des Herdraums herrscht dort eine gewisse Schornsteinwirkung, durch die unten an den Türen kalte Luft eingesaugt wird, während die erhitzten Gase durch Spalten im Gewölbe nach oben herausziehen. Dieses Abströmen der erhitzten Gase nach oben bewirkt einen schnelleren Wärmeübergang an den senkrechten Flächen der Steine. Da sich die Ecken und Kanten eines Steins, wenn im Ofen Temperaturunterschiede auftreten, schneller erhitzen und abkühlen als die Hauptmasse der Steine, bilden sich Spannungen in der Steinmasse, die Absplitterungen zur Folge haben.

Beide Arten des Abplatzens, die wahrscheinlich ähnliche Ursachen hatten, wurden an den Vorder- und Rückwänden beobachtet. Das Abplatzen tritt besonders stark an den inneren Ecken und rings um die Einsatztüröffnungen der Vorderwände auf. Diese letztere Erscheinung ist offensichtlich auf die raschere Abkühlung dieser Ofenteile beim Einsetzen usw. zurückzuführen, wenn die Türen geöffnet sind und kalte Luft über die Oberfläche der Vorderwand hinwegstreicht.

d) Inhalt der Schlackenkammern und des Gitterwerks.

Der Schmelzfluß, der sich durch Abschmelzen der Brennerenden und der Wände der absteigenden Züge bildet, sammelt sich in den Schlackenkammern als eine dunkle, viscose Masse. In einigen Öfen mit kleinen Schlackenkammern werden diese ausgefüllt, bevor die Ofenreise zu Ende ist, es fließt dann die Schlacke in die Kammern.

In der Regel herrscht im Gitterwerk eine niedrigere Temperatur, als zur Korrosion desselben durch Schlacke notwendig ist. Die feinen festen Teilchen im Strom der Abgase setzen sich hier leicht als mehr oder weniger gesinterte Schicht ab und verstopfen die Öffnungen des Gitterwerks, wodurch sie gleichzeitig den für die Gase verfügbaren Strömungsquerschnitt verringern. In kälter gehenden Kammern lagert sich der Flugstaub in kaum zusammengebackenem Zustande auf den Gittersteinen ab, er kann dann leicht entfernt werden. In sehr heißen Kammern werden die oberen Steinlagen oft ganz abgeschmolzen, weil sie mit dem abgelagerten Flugstaub bis zum Schmelzfluß reagieren.

5. Reparaturenfolge an einem Siemens-Martin-Ofen.

In den meisten Stahlwerken gibt es keine zwei Ofenteile, die mit der gleichen Schnelligkeit verbraucht werden, sondern jeder Teil wird zu einer anderen Zeit unbrauchbar, so daß sich eine Art regelmäßiger Folge von Reparaturen und Erneuerungen ergibt. Die übliche Reparaturfolge in einigen basischen, generatorgasbeheizten 100 t Stahlöfen wird sich etwa folgendermaßen gestalten. Angenommen, die Ofenreise beginnt mit einem bereits gebrauchten Herde, welcher gewöhnlich 8—10 Jahre hält, mit gebrauchten Kammerwänden und -gewölben, im übrigen aber mit einem vollständig neu zugestellten Ofen. Nach ungefähr 120 Schmelzungen oder ungefähr 60 Tagen wird der Ofen abgekühlt; dann müssen die Seitenwände ausgemauert oder ersetzt, die Schlackenkammern gereinigt, einige der obersten Lagen des Gitterwerks ersetzt und die Mündungen der Züge in die Kammern und die Schlackenräume von Staubablagerungen gereinigt werden. Die Öfen halten dann im allgemeinen ungefähr 120 Schmelzungen länger, bis es notwendig wird, das Gewölbe und die Seitenwände zu ersetzen, die Schlackenkammern auszuräumen, das Gitterwerk etwa zur Hälfte zu erneuern, das Gitterwerk, die Züge und anderen Teile gründlich zu reinigen. Am Ende von 2 oder 3 Ofenreisen wird es notwendig, die Brennerenden zu ersetzen, ebenso die absteigenden Züge und Schlackenkammerwände. Etwa in jedem Jahre einmal müssen die Gewölbe der Kammern teilweise oder vollständig ersetzt werden.

Diese Folge wird sich in verschiedenen Werken ändern. Oft werden die Kammern eine ganze Ofenreise lang nicht gereinigt zu werden brauchen; die Seitenwände und Köpfe der Brennerrückwände können durch Vornahme von Ausbesserungen in der Hitze ebenfalls diese Zeit durchhalten. In der Häufigkeit der Abnutzung einzelner Ofenteile, die Reparaturen oder Erneuerungen notwendig machen, ergibt sich etwa nachstehende Reihenfolge:

1. Die Brennerrückwände schmelzen durch,
2. Die Seitenwände schmelzen ab oder werden an einzelnen Stellen durch Schlackenangriff zerstört, und zwar gewöhnlich im unteren Teil in der Nähe des Schmelzbades,
3. Die Gewölbe werden an einzelnen Stellen durch Abschmelzen oder Absplittern gänzlich zerstört,

4. Allmähliche Abnutzung und Schwächung größerer Teile der Rückwände durch langsames Abschmelzen und Verschlacken,

5. Allmählicher Verschleiß größerer Teile des Gewölbes durch gleichmäßiges Verschlacken und Abschmelzen der Zustellung.

6. Anfüllen und Überfließen der Schlackenkammern,

7. Verstopfung der Gitterquerschnitte durch Staubablagerungen oder Verschlackung des oberen Gitterwerks infolge Überhitzung,

8. Abschmelzen der Trennungswände zwischen Gas- und Luftzügen in mit Generatorgas beheizten Öfen,

9. Zerstörung des Herdbodens durch Einsickern von Metall und Schlacke.

Die Kosten für die feuerfesten Baustoffe erhöhen sich beträchtlich, weil so viele verschiedene Umstände selbst beim normalen Arbeiten des Ofens dazwischenkommen und Betriebsunterbrechungen für Reparaturen notwendig machen. Der Verlust an Arbeitszeit für den Stahlprozeß durch Reparaturen ist ein noch größerer Schaden, denn der Ofen würde niemals abgekühlt werden, wenn Reparaturen zu vermeiden wären. Ein vollständiges Gewölbe wird manchmal ersetzt, weil vielleicht ein Zoll oder noch weniger aus dem Mauerwerk vorzeitig zerstört worden ist; oder das ganze Gewölbe muß neu gebaut werden, nur weil eine kleinere Partie desselben oder auch nur ein Teil der Rückwand zu stark angegriffen wurde und die Betriebsleiter fürchten, daß das Gewölbe keiner weiteren Ofenreise mehr gewachsen wäre. Das Gitterwerk wird oft gereinigt und teilweise bei jeder Gewölbeerneuerung ersetzt. Die Zwischenräume können noch verhältnismäßig frei von Staubablagerungen sein, würden sich aber verstopfen und den ganzen Ofen außer Betrieb setzen, lange bevor die zweite Ofenreise zu Ende ist.

II. Herkunft und Zusammensetzung des Flugstaubs in der Ofenatmosphäre von Siemens-Martin-Öfen*).

1. Vorversuche.

Es ist allgemein bekannt, daß die feuerfesten Baustoffe, die in Siemens-Martin-Öfen gebraucht werden, in hohem Maße durch die festen Teilchen angegriffen werden, welche die Ofengase mit sich führen. Die Schmelztemperatur der Silicasteine im Gewölbe und in den Wänden wird durch die Ablagerung und Schmelzwirkung dieser Flugstaubteilchen um 20 bis 80° C herabgesetzt. Große Mengen Flugstaub werden aus dem Schmelzraum mitgeführt und auf dem Gitterwerk der Kammern abgelagert. Hier sind sie die Ursache für beträchtliche Ausgaben im Ofenbetriebe, indem sie nicht nur direkte Kosten durch Zeitverlust, Arbeit und die zum Ersatz des Gitterwerks notwendigen Baustoffe verursachen, sondern auch den Wirkungsgrad des Wärmeaustausches vermindern. Ehe man daran gehen kann, diese Bedingungen zu verbessern, ist es notwendig, Genaueres über die Art dieser Ablagerungen zu wissen. Der Zweck der vorliegenden Untersuchungen war es, so genau wie möglich die Menge, Zusammensetzung und wahrscheinliche Entstehung der Flugstaubteilchen festzustellen. Ihre Wirkung auf die feuerfesten Baustoffe der Ofenzustellung wird in Kapitel III besprochen. Als Quellen des Flugstaubs kommen die Schlacke, das Metall des Einsatzes beim Oxydieren und Schmelzen, der Kalk für die Schlacke beim basischen Prozeß, der Dolomit, der für das Ausstampfen des Herdbodens benutzt wird, und zur Oxydation zugesetztes Erz oder Walzsinter in Frage.

Von *Whitely* und *Hallimond* [51] **) wurde eine Untersuchung ausgeführt, um den Ursprung und die relativen Mengen des Flugstaubs in den Abgasen eines sauren Siemens-Martin-Ofens festzustellen. Sie brachten gewogene Quarzrohre horizontal in den Weg der Abgase nahe am obersten Teil der absteigenden Züge an und stellten das Gewicht der in der Zeiteinheit abgelagerten Staubteilchen fest. Im folgenden sind einige Schlußfolgerungen ihrer Arbeit angeführt:

1. Der Flugstaub stammt in der Hauptsache vom Metallbad selbst, und zwar während des Einschmelzens und bei dem darauffolgenden Kochen.

---

*) Experimentelle Untersuchungen von *F. W. Schroeder*, Assistant Chemist am Bureau of Mines, und *E. N. Bauer*, Research Fellow am Carnegie Institute of Technology.

**) Die Ziffern beziehen sich auf die Literaturangaben auf S. 112—114.

2. Die Ofengase enthalten die meisten festen Bestandteile während des Kochens des Bades.

3. Durch Wägung von Gittersteinen vor und nach dem Gebrauch ermittelten *Whitely* und *Hallimond,* daß während 120 Schmelzungen von je 70 t wenigstens 18 t Flugasche abgelagert wurden, d. h. also durchschnittlich 135 kg pro Schmelzung.

4. Unter dem Mikroskop erschienen die Staubteilchen aus den Luftkammern als kleine, bis zu 0,8 mm große Kügelchen, die oft zu Klümpchen zusammengefrittet waren. Der Staub aus Gaskammern sah ähnlich aus, war aber in weit stärkerem Maße zusammengefrittet.

5. Die Staubteilchen sind in den Gasen als flüssige Tropfen vorhanden. Während der Einschmelzperiode rühren die schwebenden Teilchen zweifellos vom Spritzen des schmelzenden Metalls her, die Herkunft des Oxyds, nachdem sich das geschmolzene Metall mit Schlacke bedeckt hat, ist jedoch weniger sicher. Es kann möglicherweise von der Gegenwart von Eisendämpfen in den zahlreichen Kohlenoxydbläschen herrühren, die während des Kochens aufsteigen, oder wahrscheinlicher noch vom Herausspritzen von Metall aus dem Bade.

Johns[28, 30, 31]) hat seiner Meinung nach den Beweis dafür erbracht, daß Eisendämpfe im Ofen gebildet werden und diese die Hauptursache des Flugstaubs in den Ofengasen sind. Er beobachtete zuerst, daß beim Abstich eines Siemens-Martin-Ofens eine viel stärkere Hitze von dem Schlackenstrom ausgestrahlt wird, welcher nach dem Metall herausfließt, als vom Metall selbst. Es wurde auch festgestellt, daß der Metallstrahl das Licht so stark reflektiert, wie eine polierte Oberfläche. Diese Tatsachen erbrachten den Beweis dafür, daß die Metalloberfläche gegen Oxydation durch die Luft geschützt war und so ein Licht und Wärmestrahlen gut reflektierender, aber schlecht ausstrahlender Körper wurde. Optische Temperaturmessungen ergaben, daß die Schmelze um so länger ihre oxydfreie Oberfläche behielt, je höher die Temperatur des Stahls war. Diese optisch reine Oberfläche des flüssigen Metalls wurde von *Johns* auf die Anwesenheit einer Schutzschicht von Metalldampf zurückgeführt. Es bildete sich jedoch eine Haut von Oxyd auf der Metalloberfläche, sobald die Temperatur und der Dampfdruck des Metalls genügend abgenommen hatten, um eine Berührung mit der Luft zuzulassen.

Diese Theorie wurde von einigen Mitgliedern des British Iron and Steel Institute bekämpft, welche andere Theorien vorschlugen, so z. B. die Bildung von Eisencarbonyl, der Schutz gegen Oxydation durch das Austreten okkludierter Gase oder durch eine dünne Stickstoffschicht. Um seine Theorie zu beweisen, sammelte *Johns* Proben aus den bräunlichen Dämpfen, die aus dem Metallstrahl aufstiegen, indem er einen Magneten ganz dicht über dem Metallstrahl aufhängte. Auf diese Weise wurden auch wegsprühende Funken aufgefangen. Diese waren aber größer und unterschieden sich von den Dämpfen, welche, wie die Untersuchung unter dem Mikroskop ergab, aus winzigen kugelförmigen Teilchen bestanden, die alle klein waren, aber in der Größe schwankten.

Eine Reihe Proben dieser Art wurde von verschiedenen Sonderstahlschmelzungen gesammelt. Wenn der Dampf einfach durch das Kochen und Spritzen des Metalls entstehen würde, so müßte er von derselben Zusammensetzung sein wie das Schmelzbad selbst, wenn er aber durch Verdampfung entsteht, so müßte er von der Schmelze in der Zusammensetzung abweichen infolge der Verschiedenheit des Dampfdrucks der Legierungsbestandteile. Proben von Dämpfen, die in der beschriebenen Art gesammelt worden waren, ergaben Zusammensetzungen mit auffällig anderen Gewichtsverhältnissen der verschiedenen Metalle als beim Stahl, aus denen sie entstanden waren.

In Tabelle 2 sind derartige Analysen an Hand der Schmelzung eines Sonderstahls angegeben.

Tabelle 2. Analyse der Dämpfe einer Sonderstahlschmelzung (nach *Johns*).

Metall	Relative Zusammensetzung des Originalstahls	Dampf, relative Zusammensetzung auf sauerstofffreier Grundlage	Schmelztemperatur ° C	Verdampfungstemperatur ° C*)
Wolfram	1	0,58	3270	3700 (?)
Chrom	1	0,97	1520	2200
Eisen	1	1,00	1530	2450
Nickel	1	1,23	1540	2330
Mangan	1	2,50	1260	1900

Es ist zu erkennen, daß allgemein die Menge jedes anwesenden Metalls seinem Partialdruck proportional ist, wie man aus der Höhe von Schmelz- und Verdampfungstemperatur ersehen kann.

2. Flugstaubablagerungen im Siemens-Martin-Ofen.

Die Verfasser versuchten zuverlässige Aufschlüsse über den Ursprung des Flugstaubs zu erhalten, ob er vom Metall selbst herstammt, entweder in der Form winziger, durch das Spritzen entstandener Kügelchen oder als kondensierter und oxydierter Metalldampf, oder ob diese Staubteilchen aus dem Verspritzen und Verstäuben akzessorischer Stoffe, wie Schlacke, Kalkstein, Dolomit und Erz, entstanden sind. In dieser Richtung wurden die Flugstaubablagerungen verschiedener Öfen von dem verschlackten Mauerwerk des Gewölbes bis zu der am Schornsteinfuß abgelagerten Flugasche untersucht.

a) Ablagerungen auf den Gewölbesteinen.

Eine eingehende Beschreibung der chemischen und petrographischen Umwandlungen, die im Silicagewölbestein vor sich gehen, wird in Kapitel III gegeben werden. Diese Beschreibung macht jedoch keine Angaben über die Menge und Zusammensetzung der Flußmittel, die vom Gewölbe aufgenommen werden. Die Verfasser fanden keinen Weg, um festzustellen, welcher Anteil der Schmelzerscheinungen auf die Menge der im ungebrauchten Stein vor-

---

*) *H. C. Greenwood*, The boiling points of metals. Trans. Faraday Soc. Vol. 1, Nr. 1, 1911, S. 145 bis 157.

handenen Verunreinigungen zurückzuführen war, und welcher Anteil aus den Ofengasen aufgenommen worden war. Da die chemischen und petrographischen Umwandlungen im basischen Gewölbemauerwerk sehr ähnlich sind, ohne im Zusammenhang mit den Ofenbedingungen und der Länge der Betriebsdauer zu stehen, ist es wahrscheinlich, daß sich ein Gleichgewicht zwischen den Gewölbesteinen und den Ofengasen einstellt, d. h. wenn sich erst einmal dieses zonale Gefüge ausgebildet hat, werden die in der Ofenatmosphäre vorhandenen Flußmittel nicht durch das Steinmaterial absorbiert, sondern bewirken das Wegschmelzen der unteren Oberfläche oder der Brennhaut der Steine.

Sieben gebrauchte Steine wurden von verschiedenen Teilen des Gewölbes eines feststehenden basischen 50 t Ofens, der einer großen Reparatur unterzogen wurde, entnommen. Ihre Abmessungen waren $18,2 \times 22,9 \times 11,3$ cm, ihr Volumen 4710 ccm, sie wogen je 9,55 kg. Die Steine wurden zerkleinert und für die chemische Analyse hergerichtet. Vier ungebrauchte Steine von derselben Lieferung wurden zum Vergleich herangezogen. Ihre Abmessungen waren $22,9 \times 22,9 \times 11,5$ cm, ihr Volumen 6030 ccm, sie wogen je 10,4 kg. Eine Durchschnittsprobe wurde analysiert. Tabelle 3 zeigt die Analysen des gebrauchten und des ungebrauchten Steins.

Tabelle 3[1]).
Analysen von Proben gebrauchter und ungebrauchter Gewölbesteine.

Bestandteil	Gebrauchter Stein	Ungebrauchter Stein
SiO_2	90,2 Proz.	96,3 Proz.
Al_2O_3	1,0 ,,	0,8 ,,
CaO	2,27 ,,	1,94 ,,
Fe_2O_3	4,7 ,,	1,4 ,,
FeO	2,1 ,,	0,6 ,,
MgO	0,34 ,,	0,16 ,,
MnO	0,14 ,,	0,03 ,,

Wahrscheinlich sind die Schmelzflüsse im zonalen Gefüge eine Vereinigung der ursprünglich im Stein enthaltenen Flußmittel mit einer gewissen Menge solcher Flußmittel, die aus den Ofengasen aufgenommen werden. Auf Grund dieser Annahme wurde das annähernde Gewicht und die Zusammensetzung der aus der Ofenatmosphäre aufgenommenen Flußmittel aus den Daten der Tabelle 3 errechnet. Die Zusammensetzung dieser Substanz, bei der erklärlicherweise die Kieselsäure nicht berücksichtigt wurde, ist: 61,3 Proz. Fe_2O_3, 27,8 Proz. FeO, 3,20 Proz. MgO, 3,0 Proz. CaO, 2,7 Proz. Al_2O_3 und 2,0 Proz. MnO.

Bezüglich der tatsächlichen Gewichtsaufnahme an Flußmitteln durch das Gewölbe ergeben sich aus den obigen Angaben annähernd 56 kg je Quadratmeter Gewölbeoberfläche. Für einen 50 t Ofen mit einer Gewölbefläche von etwa 38 qm würde das Gesamtgewicht annähernd 2100 kg betragen. Das Eisen ist scheinbar in der Form von Magnetit vorhanden. Ob es in dieser Form bereits vor der Aufnahme durch die Steinsubstanz vorliegt, ist noch unbestimmt. Allerdings würde der relativ hohe Schmelzpunkt der inneren

---

[1]) Analysenzahlen bei Tabelle 3 und 4 nach dem Originalwerk. Die Summe ergibt nicht genau 100 Proz.

Zone der gebrauchten Steine auf die Abwesenheit von Ferrooxyd in der Flugasche hindeuten. Ferrooxyd allein ist ein viel stärkeres Flußmittel für Silicamaterial als in der Verbindung mit Ferrioxyd im Magnetit.

Daß sehr wenig Schlacke das Gewölbe durch Hochspritzen erreicht, geht
aus dem geringen Kalkgehalt des Flugstaubs hervor. Basische Martinofen-
schlacken enthalten selten weniger als 25 Proz. CaO. Ist die Magnesia auf das
Verstäuben von Dolomit während der Ausbesserung zurückzuführen, so kann
im vorliegenden Falle der ganze Kalkgehalt auf Dolomit umgerechnet werden.

b) Ablagerung auf den Kopfwänden.

Die mit Flugstaub beladenen Flammengase korrodieren und schmelzen
die Kopfwände zu schnell weg, als daß sich ein zonales Gefüge, ähnlich wie
man es im Gewölbe findet, bilden könnte. In der Regel hat die Innenseite
eines Steins in der Kopfwand den niedrigsten Schmelzpunkt der Steinsubstanz. Der gebildete Schmelzfluß fließt allmählich an den Wänden herunter und sammelt sich im unteren Teil der absteigenden Züge. Tabelle 4
enthält Analysen von Proben dieser Ablagerungen von einem feststehenden
und einem kippbaren Talbotofen.

Tabelle 4. Analysen von Ablagerungen in den absteigenden
Zügen zweier Öfen[1]).

Bestandteile	Talbotofen	Stationärer Ofen
SiO_2	60,7 Proz.	45,6 Proz.
Fe_2O_3	16,5 ,,	40,5 ,,
FeO	7,8 ,,	6,8 ,,
Al_2O_3	3,5 ,,	4,7 ,,
CaO	8,4 ,,	2,9 ,,
MgO	1,6 ,,	0,16 ,,
MnO	0,82 ,,	0,71 ,,

Läßt man die Kieselsäure aus, so ergibt sich für den Schmelzfluß die
nachstehende Zusammensetzung (Tabelle 5):

Tabelle 5. Analysen der geschmolzenen Substanz ohne Kieselsäure.

Bestandteile	Talbotofen	Stationärer Ofen
Fe_2O_3	42,8 Proz.	72,6 Proz.
FeO	20,1 ,,	12,2 ,,
Al_2O_3	9,1 ,,	8,4 ,,
CaO	21,8 ,,	5,2 ,,
MgO	4,1 ,,	0,3 ,,
MnO	2,1 ,,	1,3 ,,

Auch hier bilden die Eisenoxyde einen erheblichen Bestandteil der Schlacke.
Der Kalkgehalt zeigt eine merkliche Zunahme gegenüber demjenigen, welcher
in den vom Gewölbe aufgenommenen Flußmitteln festgestellt wurde. Dies
ist besonders der Fall bei den Ablagerungen im Talbotofen und wahrscheinlich auf die Verwendung von gebranntem Kalk zurückzuführen, der in
weit höherem Maße stäubt als roher Kalkstein. Auch werden vermutlich

während des heftigen Kochens des Schmelzbades kleine Schlackenkügelchen von den Feuergasen mit emporgerissen und gegen die Kopfwände getrieben. Wie schon oben ausgeführt wurde, suchen einige Stahlwerke die starke Abnutzung der Kopfwände dadurch zu vermeiden, daß sie diese aus Chromitsteinen, einem neutralen feuerfesten Material, bauen.

c) Ablagerungen auf den Gittersteinen, an den Kanalwänden usw.

Eine große Menge feinen Staubs wird von den Gasen über die Schlackenkammern hinweggetragen und auf den Gittersteinen in den Kammern und auf den Wänden der Kanäle zum Schornstein abgelagert, während ein Teil des feinsten Materials noch weiter mitgerissen wird. Tabelle 6 enthält die Analysen einer Anzahl Proben dieser Ablagerungen, die in den Gas- und Luftkammern und von den Ofenkanalwänden verschiedener Stahlwerke gesammelt wurden. Die Ablagerungen in den Luftkammern und auf den Kanalwänden sind schwarz und nicht zusammengesintert, außer in Fällen besonders starker Überhitzung. Der in den Gaskammern abgesetzte Staub hingegen schmilzt bald mit dem Schamotte- oder Silicamauerwerk zusammen und bildet eine

Tabelle 6. Analysen von Flugstaubablagerungen auf Gittersteinen
und Kanalwänden.

Nr.	Ort	SiO_2	Fe_2O_3	FeO	Al_2O_3	CaO	MgO	MnO	SO_2	PbO	ZnO	Insgesamt
	Ablagerungen in den Luftkammern											
1.	Luftkammern Werk Nr. 1 .	2,2	80,4	—	5,8	4,9	2,6	0,82	0,1	0,0	4,52	101,34
2.	Luftkammern Werk Nr. 2 .	0,9	88,3	0,4	3,0	2,4	1,5	0,48	2,4	0,0	0,66	100,04
3.	Luftkammern Werk Nr. 3 .	1,7	83,3	0,1	4,2	5,3	0,8	1,06	3,8	0,0	0,59	100,85
4.	Gewölbe der Luftkammern Werk Nr. 4.	4,92	77,3	—	5,3	4,2	0,84	1,11	0,28	0,38	4,7	99,03
5.	Luftkammern Werk Nr. 4 .	4,32	86,0	—	5,4	2,3	0,56	0,71	0,01	0,0	3,65	102,95
6.	Luftkammern Werk Nr. 5 .	6,4	68,7	1,5	2,0	11,1	1,6	1,6	1,22	0,0	0,13	94,25
7.	Gewölbe der Luftkammern Werk Nr. 5.	11,9	61,3	2,4	8,2	10,2	1,1	1,6	0,08	0,0	0,26	96,14
8.	Luftkammern Werk Nr. 5A	7,4	61,6	2,5	4,9	18,1	—	0,96	2,9	0,0	0,48	98,84
9.	Luftkammern eines sauren Martinofens Werk Nr. 6. .	6,5	87,2	2,5	0,8	1,1	0,3	0,68	—	—	—	99,08
	Ablagerungen in den Gaskammern											
10.	Gaskammern Werk Nr. 1 .	4,5	70,3	0,9	4,8	8,6	5,0	1,04	3,7	0,0	0,23	99,07
11.	Gaskammern Werk Nr. 5A .	13,1	69,4	2,8	7,1	7,2	2,6	1,48	0,0	0,0	0,46	104,14
	Ablagerungen an den Kanalwänden											
12.	Ablagerung Werk Nr. 4 . .	2,84	59,6	0,0	3,4	1,9	0,92	1,05	9,80	12,9	5,3	97,71
13.	Ablagerungen a. d. Boden d. Schornsteinfußes Werk Nr. 4	3,28	66,5	0,0	3,7	1,5	0,26	1,35	1,96	5,0	6,1	97,65
14.	Ablagerung Werk Nr. 5A .	5,2	62,6	0,0	2,9	13,8	1,2	1,0	11,5	0,0	0,83	99,03
15.	Ablagerung Werk Nr. 5A .	4,3	46,75	0,5	5,2	10,6	Spur	0,97	23,5	3,2	1,18	96,20
16.	Ablagerung Werk Nr. 1 . .	10,3	39,4	1,6	9,4	9,1	5,5	0,92	15,3	0,0	4,52	96,04

flüssige Schlacke, die in kurzer Zeit das Steingefüge durchdringt. Der Unterschied der Flugascheneinwirkung in den Gas- und Luftkammern ist deutlich in Fig. 24 (S. 60) zu sehen. Die Erklärung für diesen Vorgang kann sein, daß die Gaskammern abwechselnd oxydierenden und reduzierenden Einflüssen ausgesetzt sind. Der Staub wird in einer oxydierenden Atmosphäre abgelagert und besteht hauptsächlich aus Magnetit (Fe_3O_4). Beim Umschalten, wenn die Verbrennungsgase durch die Kammern geführt werden, wird das Ferrioxyd zu Ferrooxyd reduziert, das als viel stärkeres Flußmittel wirkt.

Gelegentlich kommt es vor, daß der Gaskammerstaub nicht mit der Steinsubstanz reagiert, sondern eine lose flockige Ablagerung ähnlich derjenigen bildet, wie man sie in den Luftkammern findet, nur mit dem Unterschiede, daß sie gewöhnlich rötlichbraun in der Farbe ist. Probe Nr. 10 ist eine solche Ablagerung. In solchen Fällen unterliegen die Eisenoxyde wahrscheinlich denselben Bedingungen von Oxydation und Reduktion, aber die Temperatur genügt nicht, um eine Reaktion mit dem Gitterstein herbeizuführen.

Es wurde festgestellt, daß die Zusammensetzung dieser Ablagerung nicht sehr von derjenigen in den Luftkammern abweicht. Dies kann als Beweis dafür gelten, daß wenig oder gar kein Flugstaub von dem Gas aus den Generatoren mitgeführt wird[51]).

Alle Proben haben einen hohen Gehalt an Eisenoxyden, woraus hervorgeht, daß die Quelle für einen großen Anteil des Staubs im Metalleinsatz zu suchen ist. Die Proben Nr. 6, 7 und 8 stammen von Öfen, in denen gebrannter Kalk verwendet wurde, wodurch der relativ hohe Kalkgehalt dieser Proben verursacht wird. Die Tatsache, daß der Magnesiagehalt in jedem Falle sehr niedrig ist, rührt offenbar daher, daß der Dolomit nicht einer der Hauptquellen für den Flugstaub ist.

Der Schwefel ist in wasserlöslicher Form vorhanden, indem sich wahrscheinlich Sulfate aus dem Schwefeldioxyd in Gegenwart des erhitzten Eisenoxyds, wie im Kontaktprozeß zur Herstellung von Schwefelsäure, gebildet haben. Die größte Menge des Schwefels wird auf den Kanalwänden abgelagert, wo die Temperatur so niedrig ist, daß keine Zersetzung stattfindet. Öfen, in welchen stark schwefelhaltige Brennstoffe verfeuert werden, haben natürlich auch den größten Anteil an Schwefel in den Flugstaubablagerungen.

Die Oxyde von Blei und Zink finden sich in den Ablagerungen an den Kanalwänden der meisten Öfen; die Mengen hängen in starkem Maße von der Qualität des verwendeten Schrotts ab. Die Proben Nr. 4, 12 und 13 wurden aus einem Ofen genommen, der eine große Menge Maschinenschrott verarbeitete, von welchen die Lager nicht sorgfältig entfernt worden waren. In diesem Falle wurde das Blei nicht nur in den Flugstaubablagerungen gefunden, sondern eine beträchtliche Menge von sehr flüssigem Blei war durch das Herdmaterial gedrungen und auf dem Boden des Ofens in Form von Stalaktiten erstarrt. Zinn findet man nicht in den Flugstaubablagerungen, wahrscheinlich deshalb, weil es eine große Löslichkeit in geschmolzenem Eisen und Stahl und eine hohe Verdampfungstemperatur besitzt. Zink findet sich in der Flugasche viel häufiger als Blei. Der Grund hierfür ist wahrscheinlich der, daß sich das Zink aus dem Schrott verhältnismäßig leicht verflüchtigt. Der Anteil an Zink in den Ablagerungen ist um so kleiner, je höher deren Entstehungstemperaturen liegen. Die höchsten Anteile an Zink werden in den Ablagerungen auf der Sohle des Schornsteinfußes gefunden, der die Stelle des ganzen Ofensystems mit der niedrigsten Temperatur darstellt.

Bezüglich der wirklichen Schlackenmenge die sich in den Schlackenkammern eines Ofens sammelt, gibt *C. L. Kinney jr.* von der Illinois Steel Co. die folgenden Daten an, die aus 226 Schmelzungen mit einer Leistung von 61218 t Blockstahl stammen.

Schlackenablagerungen in den Schlackenkammern.

	Luftkammer	Gaskammer
Abmessungen:		
Tiefe	1,10 m	0,74 m
Breite.	1,44 m	1,22 m
Länge.	6,05 m	6,05 m
Gesamtrauminhalt	10,20 cbm	5,67 cbm
Schlacke:		
Gewichtsmenge	3320 kg/cbm	3320 kg/cbm
Insgesamt in 1 Kammer	34,1 t	18,7 t
Insgesamt in 2 Kammern.	68,3 t	37,4 t
Gesamtmenge	105,7 t	
Je t Blöcke (105700 : 61218)	1,72 kg = 0,17 Proz.	

In einem Doppelofen wurden nachstehende Mengen Schlacke und Flugstaub in den Kammern gefunden: in einer ununterbrochenen Ofenreise, bei der Teer als Brennstoff gebraucht wurde, lieferte dieser Ofen in 698 Schmelzungen 89820 t Stahl. Die Schlackenkammern waren 5,5 m lang und 3,95 m breit, der Rauminhalt war 19,9 cbm; es fanden sich 2950 kg/cbm Schlacke, und zwar 58,7 t an der einen Seite des Ofens oder 131 t an beiden Seiten. Dies entspricht 1,15 kg Schlacke je t Blöcke. Die Ofenköpfe waren nur einmal ausgebessert worden, so daß nicht viel Steinsubstanz in den Schlackenkammern vorhanden war. Der Flugstaub wurde aus den Wärmespeichern ausgeräumt, und zwar fanden sich hier 23,1 cbm an jedem Ende; sein Gewicht betrug 1440 kg/cbm, und zwar 67,8 t in den 4 Kammern, entsprechend 0,75 kg Flugstaub je t Blöcke. Die Ablagerung betrug demnach 1,15 + 0,75 = 1,90 kg Schlacke und Flugstaub je t Blöcke.

Als ein Doppelofen zwecks Neuzustellung nach 973 Schmelzungen und einem Ausbringen von 127346 t Blockstahl mit Generatorgas als Brennstoff stillgelegt werden mußte, fanden sich dort 192 t Schlacke in 4 Schlackenkammern; dies entspricht ungefähr 1,3 kg Schlacke je t Blöcke.

Nach einer Ofenreise von 226 Schmelzungen mit einer Gesamtleistung von 16514 t wurden folgende Mengen Flugstaub festgestellt:

Ungefähr 90 cm von dem Gitterwerk wurden oben aus den Luftkammern weggerissen, der Rest wurde mit Dampf gründlich gereinigt. Hier fand sich die Asche in einer Schichtdicke von etwa 50 cm auf der ganzen Sohle der

Kammer. Das Kammervolumen betrug 7,74 cbm. Bei einer relativen Menge von 1265 kg/cbm wurden hier 9,8 t Flugstaub in einer Kammer und 19,6 t in 2 Kammern festgestellt. Die Hauptmenge kam aus der Gaskammer, wo sie 25 cm hoch lag. Das Kammervolumen betrug 3,34 cbm. Bei einer relativen Menge von 1265 kg/cbm wurden hier 4,2 t Flugstaub in einer Kammer oder 8,4 t in 2 Kammern festgestellt. Die 4 Kammern enthielten insgesamt 27,8 t Flugstaub oder 1,68 kg je t Blöcke = 0,17 Proz.

3. Flugstaub in der Ofenatmosphäre von Siemens-Martin-Öfen.

Die Analyse dieser Flugstaubablagerungen gibt ein gutes Bild von ihrer Zusammensetzung und ihrer Herkunft. Wichtig ist aber auch die Bestimmung der relativen Mengen, die in den verschiedenen Schmelzperioden abgelagert werden. Diese Bestimmung erfordert die Entnahme gemessener Gasvolumina aus dem

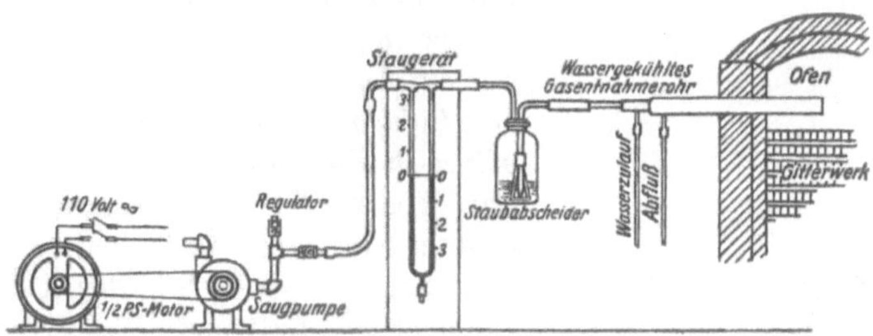

Fig. 1. Komplette Apparatur zur Entnahme von Ofengasen aus Siemens-Martin-Öfen.

Ofen und die Abscheidung der schwebenden Teilchen in einer Form, in der sie gesammelt und gewogen werden können. Erhebliche Schwierigkeiten waren beim Sammeln dieser Proben zu überwinden, insbesondere wegen der außergewöhnlich hohen Temperaturen der Gase, welche zwischen 700 und 1300° C lagen.

a) Vorrichtung zum Auffangen des Flugstaubs.

Fig. 1 zeigt die Anwendung des Apparates zum Auffangen der Flugstaubproben direkt aus den Ofengasen. Das wassergekühlte Entnahmerohr stellt eine Abänderung der Vorrichtung dar, die man bei der North Central Experi-

Fig. 2. Wassergekühltes Entnahmerohr für Gase.

ment Station des Bureau of Mines in Minneapolis, Minnesota, bei Werksuntersuchungen zur Probeentnahme an normalen Öfen verwendet hat. Fig. 2 zeigt Einzelheiten dieses Entnahmerohres.

Die Gase wurden mittels einer tragbaren Vakuumpumpe, die von einem $^1/_2$ PS-Motor angetrieben wurde, aus dem Ofen abgesaugt. Das Gasvolumen wurde mit einem Strömungsmesser, der bis zu einer Menge von 0,08 cbm/min mittels eines Normalgasmengenmessers geeicht worden war, gemessen. Zwei parallelgeschaltete Rohre mit Zucker wurden zuerst als Filtergerät benutzt, doch erwiesen sie sich als ungenügend, weil sich in ihnen Wasserdampf kon-

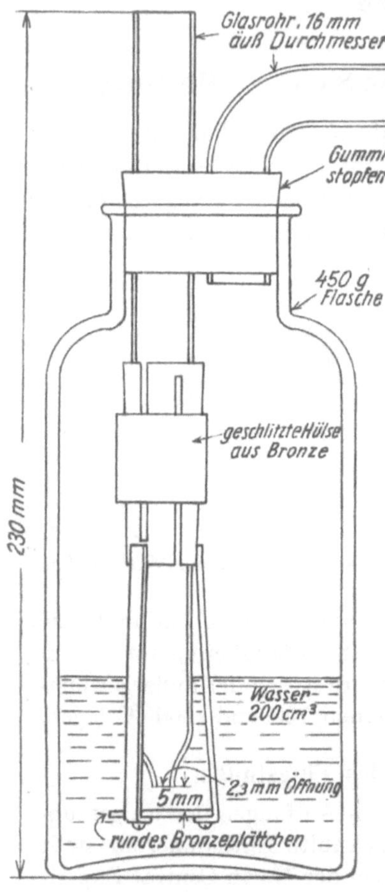

Fig. 3. Aufprallstaubabscheider.

densierte. Wenn dieser mit dem Zucker in Berührung kam, bewirkte er ein Zusammenbacken desselben, so daß sich Kanäle für die Gase bildeten. Außerdem hatten die Zuckerröhren zahlreiche andere Nachteile, so Abnahme der Filtrierleistung bei Gasmengen von mehr als 0,03 cbm/min und Schwierigkeiten bei der Gewinnung der Flugstaubproben aus dem Zucker zur Analyse.

Die endgültig gewählte Filtereinrichtung war ein Aufprallstaubabscheider*), der von der *Industrial Gas Section* des *Bureau of Mines* in *Pittsburgh Pa.* entwickelt worden war (Fig. 3). Der Aufprallstaubabscheider benutzt zwei Grundgedanken zur Abscheidung des Staubes: 1. Scharfes Anblasen der staubhaltigen Luft unter Wasser gegen eine Platte, wobei der Staub von der feuchten Platte festgehalten wird; und 2. Waschen der Luftblasen mit Wasser, um den Staub zu gewinnen, der sich auf der Platte nicht abgesetzt hat.

Praktische Versuche haben gezeigt, daß 0,057 cbm/min die beste, praktisch zu verwendende Strömungsgeschwindigkeit ist. Auch bei dieser Geschwindigkeit ist die Ausbeute während einer Umsteuerperiode der Kammern des Ofens so gering, daß eine vollständige Analyse einer Probe nicht möglich ist.

Eine weitere Schwierigkeit bei der Analyse dieses Materials ist die lösende Wirkung des Wassers und der Säuren auf einen Teil des Flugstaubs. Dies ist besonders der Fall bei Öfen mit schwefel-

---

*) A. C. *Fieldner*, S. H. *Katz*, E. S. *Longfellow*, Sugar-tube method for the determination of dust in air. Tech. Paper 278, Bureau of Mines, 1921, S. 42. — L. *Greenburg* und G. W. *Smith*, A new instrument for sampling aerial dust. Reports of Investigations Serial Nr. 2392, Bureau of Mines, Nov. 1922. — S. H. *Katz*, L. *Greenburg*, G. W. *Smith*, W. M. *Myers*, L. J. *Trostel* und *Margaret Ingels*, Comparative tests of instruments for determining atmospheric dusts. Bull. 144, Public Health Service 1925, S. 69.

reichem Brennstoff. Der Schwefel wird zu SO_2 verbrannt und kann dann bei hohen Temperaturen in Gegenwart von Eisenoxyd weiter zu SO_3 oxydiert werden. Schwefelsäure bildet sich dann durch Lösen des SO_3 in dem Wasser des Staubabscheiders. Die Auflösung eines Teiles des Flugstaubs macht es notwendig, die Probe zur Trockne einzudampfen, um wirklich die ganze Menge zu gewinnen; dies schließt wieder die Möglichkeit der Bestimmung von Ferroeisen aus.

b) Flugstaubproben aus den Schornsteingasen.

Die Proben aus den Schornsteingasen wurden aus einem stationären basischen 60 t Ofen entnommen. Während der ersten Schmelzung wurden die Proben dicht über dem Schornsteinfuß mit einem wassergekühlten Entnahmerohr entnommen, das im rechten Winkel zur Zugrichtung der Gase eingesetzt

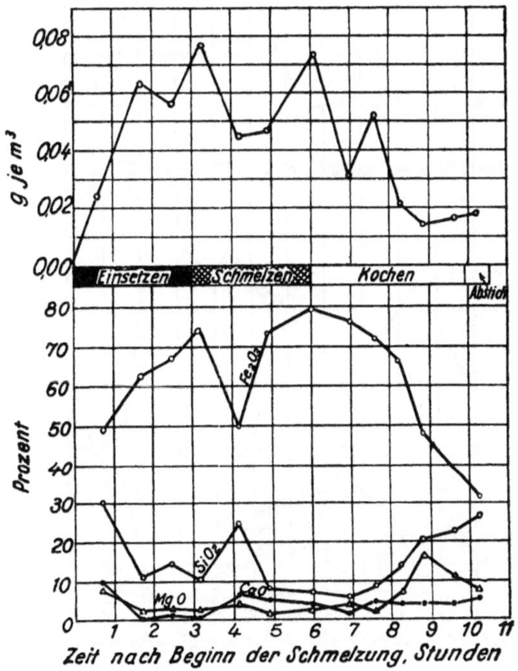

Fig. 4. Flugstaubgehalt und -zusammensetzung im Schornstein
eines basischen 50 t Siemens-Martin-Ofens.

war. In Fig. 4 ist das Gewicht der Flugasche in 2,83 cbm Abgasen und der Prozentgehalt an Fe_2O_3, SiO_2, CaO und MgO wiedergegeben. Wie aus der Analyse der Flugstaubablagerungen zu erwarten war, besteht der größere Teil dieser Proben aus Eisenoxyd. Die Flugstaubteilchen waren alle außerordentlich klein, beinahe kolloidal. Die größte Konzentration war am Anfang der Einschmelzperiode und des Kochens beim Kalkzusatz zu beobachten, eine merkliche Verminderung der Staubentwicklung dagegen während der verhältnismäßig ruhigen Zeit unmittelbar vor dem Abstich.

c) Flugstaubproben aus den Gasen in den Kammern.

Die nächste Stelle für die Probenahme waren die Kammern. Das Entnahmerohr wurde ungefähr 30 cm über der obersten Lage der Gittersteine und etwa 90 cm von der Zwischenwand entfernt eingesetzt, es lag rechtwinklig zur Richtung des Gasstromes; die Proben wurden in drei aufeinander-

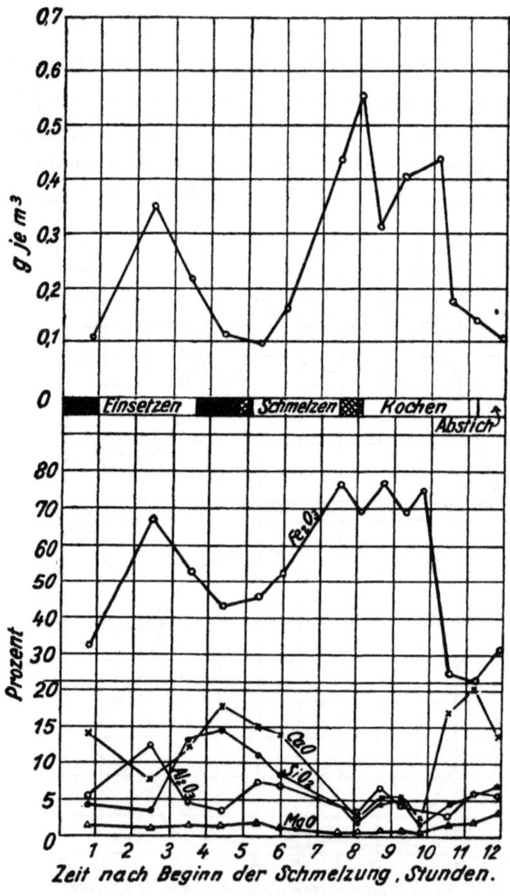

Fig. 5. Flugstaubgehalt und -zusammensetzung im Gitterwerk
eines basischen 50 t Siemens-Martin-Ofens.

folgenden Schmelzungen entnommen. In Fig. 5 sind die Ergebnisse dargestellt, in Fig. 6 hat der Mangangehalt besondere Berücksichtigung gefunden. Fig. 7 gibt ein zusammenfassendes Schaubild über die Verhältnisse bei drei aufeinanderfolgenden Schmelzungen.

Aus den Abbildungen ist festzustellen, daß die Flugstaubkonzentration in den Kammern oft größer ist als im Schornstein. Die Größe der Teilchen in den Kammern war beträchtlich größer als die Größe der Teilchen, die den Schornstein erreichten, obgleich mehr als 50 Proz. der Teilchen in den

Kammern kleiner war als 10 μ (1 $\mu = {}^1/_{1000}$ mm). Nur sehr wenige Teilchen hatten einen größeren Durchmesser als 20 μ. Bei starker Vergrößerung scheinen diese Teilchen abgerundete Ecken zu haben, einige der größeren Teilchen waren augenscheinlich durch Zusammensintern mehrerer kleinerer entstanden.

Eisenoxyd ist wieder der hauptsächlichste Bestandteil des Flugstaubs. Der Prozentgehalt an Eisenoxyd variiert in den Proben direkt mit der Flugstaubkonzentration, wodurch bewiesen wird, daß die anderen Bestandteile, CaO, MgO, SiO$_2$ usw., im Flugstaub in fast konstantem Verhältnis vorhanden sind.

Die Proben von der dritten Schmelzung wurden nur auf Mangan untersucht (Fig. 6). Während des Einsetzens und des ersten Teils der Einschmelzperiode war der Mangangehalt des Flugstaubs viel höher als während ihres letzten Teiles, wo der größte Teil des Schmelzbades durch die Schlacke gegen Oxydation geschützt war. Dann steigt während der Periode hoher Temperaturen und der Unruhe des Bades während des Kochens der Mangangehalt beträchtlich, wahrscheinlich weil Mangan einen höheren Dampfdruck hat als Eisen.

Fig. 7 enthält das Gewicht der Proben zu verschiedenen Zeiten bei drei Schmelzungen. Die Kurven haben allgemein denselben Verlauf und zeigen hohe Konzentrationen während des Einschmelzens und des Kochens.

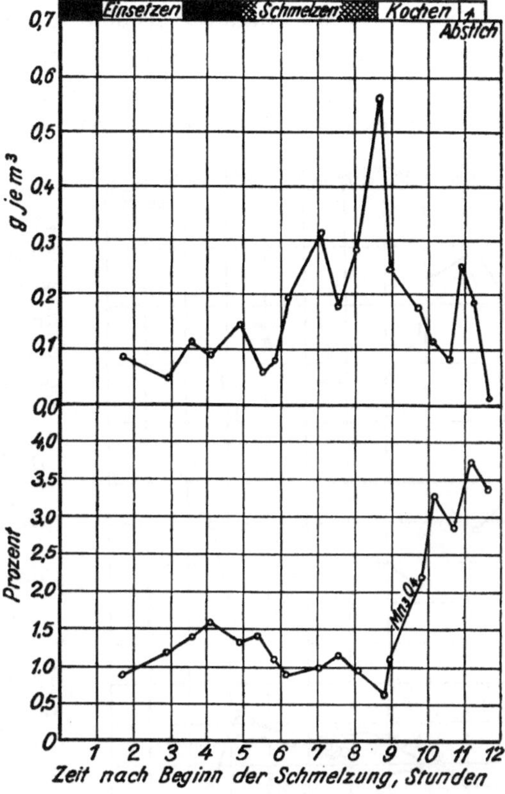

Fig. 6. Flugstaubgehalt und -zusammensetzung im Gitterwerk eines basischen 50 t Siemens-Martin-Ofens unter besonderer Berücksichtigung des Manganoxyds.

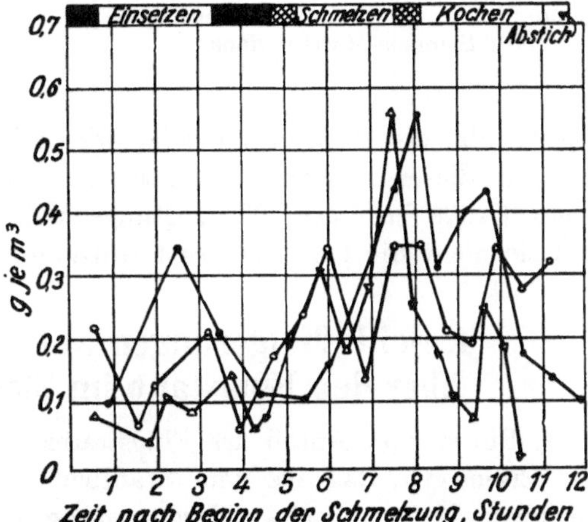

Fig. 7. Flugstaubgehalte im Gitterwerk eines basischen 50 t Siemens-Martin-Ofens während 3 aufeinanderfolgenden Schmelzungen.

d) Flugstaubproben von den Brennerenden.

Der Staubabscheider wurde dann an das Brennerende gebracht und das Entnahmerohr parallel zu der Richtung des Gasstroms eingesetzt. Beträchtliche Schwierigkeiten traten beim Sammeln dieser Proben auf wegen der sehr hohen Temperatur, die dort herrschte, und durch die nicht zu vermeidenden Störungen durch die Arbeiter und Maschinen auf der Arbeitsbühne. Es wurden von drei aufeinander folgenden Schmelzungen Proben entnommen, deren typische Menge und Zusammensetzung in Fig. 8 wiedergegeben sind,

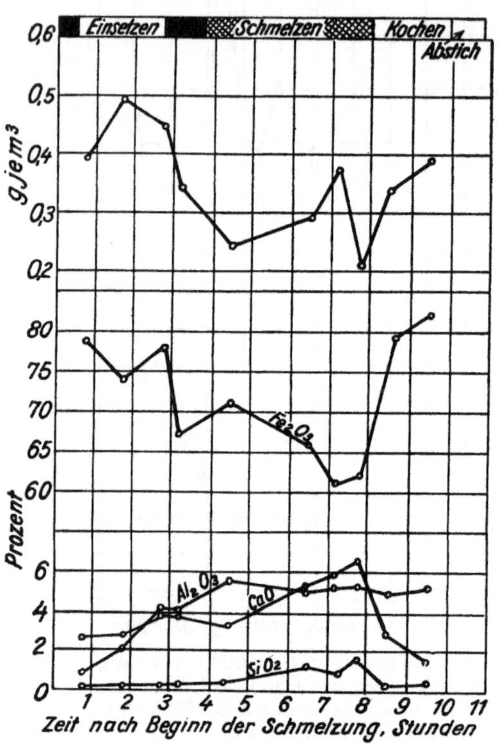

Fig. 8. Flugstaubgehalt und -zusammensetzung in den Köpfen eines basischen 50 t Siemens-Martin-Ofens.

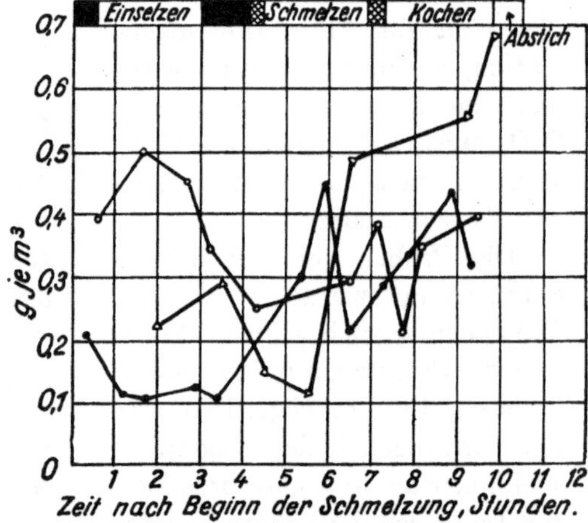

Fig. 9. Flugstaubgehalte im Kopf eines basischen 50 t Siemens-Martins-Ofens während 3 aufeinanderfolgenden Schmelzungen.

Fig. 9 gibt die Mengen während der drei Schmelzungen an. Die Teilchengröße in diesen Proben wechselte von der in den Schornsteingasen gefundenen Größe bis über 500 μ. Einige Male waren einzelne Teilchen so groß, daß sie nicht die Öffnung des Staubsammlers passieren konnten.

4. Schlußfolgerungen aus den Untersuchungen über den Flugstaub im Siemens-Martin-Ofen.

1. Ein starker Anteil des Flugstaubs eines Siemens-Martin-Ofens besteht aus Eisenoxyd, das aus dem Stahlbade selbst stammt und wahrscheinlich im hohen Maße von einer Verdampfung des Metalls herrührt. Während des Einsetzens und des ersten Teils der Einschmelzperiode ist der Flugstaub ein Verbrennungsprodukt des den Ofengasen ausgesetzten Metalls. Diese Teilchen

sind außerordentlich klein und werden durch das ganze Ofensystem hindurch-
befördert, wie aus ihrer hohen Konzentration im Schornstein während dieser
Perioden hervorgeht. Während der ruhigen und verhältnismäßig kühlen
Periode zu der Zeit, nachdem sich das Metall mit Schlacke bedeckt hat, ist
die Flugstaubkonzentration niedrig. Wenn dann die Temperatur des Bades
steigt und der Kalk hochzusteigen beginnt, wobei Metallspritzer entstehen,
nimmt der Flugstaubanteil der Ofengase bis zu einem Maximum in den absteigenden Zügen und Kammern zu. Der Mangangehalt des Flugstaubes
nimmt während dieser Periode hoher Temperatur stärker zu als der Eisen-
gehalt. Hieraus ist zu schließen, daß der Dampfdruck des Bades für einen
beträchtlichen Prozentsatz des Flugstaubs in dieser Periode in Frage kommt.
Diese Meinung wird bestätigt durch die Tatsache, daß die Flugstaubteilchen
selbst abgerundet sind und sich die großen Teilchen teilweise durch Zusammenbacken mehrerer kleinerer gebildet haben.

2. Die Hauptquelle des Kalks im Flugstaub ist der rohe oder gebrannte
Kalk in der Zeit des Einsetzens und nicht die fertige Schlacke. Der Anteil
an Kalk im Flugstaub hängt von der Ofenpraxis ab. Öfen, in denen gebrannter
Kalk aufgegeben wird, werden den zwei- oder dreifachen Kalkgehalt im
Flugstaub aufweisen gegenüber Öfen, in denen roher Kalkstein benutzt wird.
In den Flugstaubproben, die unmittelbar aus der Ofenatmosphäre entnommen
wurden, war der Kalkgehalt am höchsten während der Einsetzperiode. Hieraus geht hervor, daß die Schlacke, wenn sie erst einmal fertig gebildet ist,
nicht erheblich zur Flugstaubbildung beiträgt.

3. Der niedrige Magnesiagehalt aller Proben beweist, daß der Dolomit,
der zur Herstellung der Herdböden verwendet wird, nur in sehr geringem
Maße zur Flugstaubbildung beiträgt.

4. Der Schwefelgehalt des Flugstaubs wechselt sehr in verschiedenen Öfen,
wahrscheinlich infolge der Unterschiede im Schwefelgehalt der verwendeten
Brennstoffe. Den höchsten Schwefelanteil findet man im Flugstaub, der sich
auf den Kanalwänden abgesetzt hat, da die Temperaturen in den Kammern
normalerweise für die Stabilität von Sulfaten zu hoch sind.

5. Die Oxyde von Blei und Zink fanden sich auf dem Gitterwerk und den
Kanalwänden einiger Öfen in überraschend großer Menge; sie können vom
Schrott herrühren. Maschinenschrott, von dem das Lagermetall nicht entfernt
worden ist, und Schrott von Konstruktionsstahl, der mit Bleimennige ge-
strichen war, sind die Hauptquellen für Blei. Die Anwesenheit von Zink
ist wahrscheinlich ausschließlich auf die Beschickung mit verzinktem Eisen-
schrott zurückzuführen. Diese Metalle werden in den kühleren Teilen des
Ofensystems, gewöhnlich auf den Kanalwänden, abgelagert, wie das bei ihrem
relativ hohen Dampfdruck zu erwarten ist.

III. Veränderungen in der feuerfesten Zustellung während des Gebrauchs im Siemens-Martin-Ofen*).

Wenn der Stahlschmelzprozeß in einem neu zugestellten Siemens-Martin-Ofen beginnt, ist die ganze Oberfläche der neuen feuerfesten Baustoffe der Berührung mit Stahl, Schlacke oder heißen Gasen ausgesetzt. Da ein Gleichgewicht zwischen diesen Phasen nicht besteht, treten schon bestimmte Veränderungen ein, sobald der Ofen auf hohe Temperaturen erhitzt ist. Dies trifft insbesondere für das poröse Silicamauerwerk zu, wenn es mit den heißen Gasen, die feine schwebende Oxydteilchen mit sich führen, in Berührung kommt. Aus den Angaben im Kapitel II können wir entnehmen, daß der Schmelzprozeß unvermeidlich diesen Oxydflugstaub aus dem Schmelzbad erzeugt, der in den über das Schmelzbad streichenden Gasstrom geschleudert, von diesem mitgerissen und nach allen Teilen des Ofensystems, vom Herdraum bis zum Schornstein, fortgetragen wird. Der wichtigste Bestandteil dieses Flugstaubs ist ein „Dunst" von sehr feinen Teilchen, die zum Teil schon kolloidal sind und hauptsächlich aus Eisenoxyden mit geringen Mengen Manganoxyd und Kieselsäure bestehen. Dieser Dunst entsteht wahrscheinlich aus den Dämpfen, die vom geschmolzenen Stahl abgegeben, dann oxydiert und zu kleinen Oxydtröpfchen im Gasstrom kondensiert werden. Zu diesem Dunst treten wahrscheinlich gröbere Oxyd- und Schlackenteilchen, die durch das Kochen und Spritzen des Schmelzbades entstehen. Im allgemeinen enthält der Staub im basischen Siemens-Martin-Ofen außerdem 3 oder 4 Proz. oder noch mehr CaO, das zum größten Teil vom Verstäuben von gebranntem Kalk oder Kalkstein herrührt, der zur Bildung der basischen Schlacke aufgegeben wird.

Der basische Flugstaub wird nach fast allen Teilen der Oberfläche der Ofenzustellung fortgeführt; es entstehen verschiedene Grade von Korrosion, die von der Temperatur, der Richtung des Gasstromes usw. abhängen. Der Ofenherd steht in Berührung mit dem Stahl und der Schlacke, die Feuerbrücken und unteren Teile der Seitenwände werden von Schlackenspritzern und mitgerissenen Schlackenteilchen während jeder Schmelzung beim Kochen getroffen. Im Verlauf einer Ofenreise von mehreren Monaten bei sehr hohen Temperaturen gehen allmählich zwischen diesen verschiedenen Stoffen Reaktionen vor sich, mit der Zeit wird der Ofen abgenutzt und muß außer

---

*) Die Proben sind von *B. M. Larsen* und *F. W. Schroeder* gesammelt; die Analysen fertigte *A. K. Hutton* an.

Betrieb gesetzt und neu zugestellt werden. Die chemische und physikalische Beschaffenheit der feuerfesten Stoffe ist dann sehr verschieden von derjenigen zu Beginn der Ofenreise.

1. Das Herdraumgewölbe.

Die Gewölbe aller Siemens-Martin-Öfen werden aus Silicanormal- oder -formsteinen gemauert. Die ungebrauchten Steine bestehen aus einem Netzwerk von Kieselsäurekristallen, die mit einem geringen Anteil Glas, aus Kalk, Eisenoxyd, Tonerde und Kieselsäure bestehend, eingebunden sind; der Cristobalit herrscht neben einem geringen Anteil an Tridymit und nicht umgewandeltem Quarz vor, ungefähr 25 Proz. bestehen aus Poren. Wenn ein neues Gewölbe die Stahlschmelztemperatur erreicht hat, ist die Herdseite ungefähr 1600° C heiß, im Innern des Steins herrscht ein steiles Temperaturgefälle bis zu einer Temperatur der äußeren Oberfläche von ungefähr 300° C. Unter diesen Temperaturbedingungen gehen zwei verschiedene Veränderungen im Innern des Steins vor: 1. Das Kieselsäurenetzwerk fängt an umzukristallisieren, und zwar in verschiedenem Grade und je nach Höhe der Temperatur in verschiedenen Tiefen des Steins. 2. Oxydteilchen aus den Gasen kommen in Berührung mit der heißen Oberfläche des Mauerwerks und verbinden sich mit Kieselsäure; die auf diese Weise gebildete Schlacke wird allmählich in die poröse Steinmasse eingesaugt. Im Verlaufe einer Ofenreise, während welcher im Gewölbe mehrere Wochen oder Monate lang hohe Temperaturen herrschen, können diese langsamen Veränderungen praktisch zu einem Gleichgewicht in den unteren heißen Enden der Gewölbesteine führen, während in den kühleren Zonen darüber Veränderungen geringeren Umfangs vor sich gehen.

Das Ergebnis dieser Bedingungen ist, daß ein gebrauchter Stein aus einem nach einer Ofenreise abgerissenen Gewölbe ein eigentümliches und ziemlich auffallendes zonales Gefüge besitzt. Fig. 10 zeigt zwei gebrauchte Silicagewölbesteine aus einem sauren und aus einem basischen Ofen. Das innere Ende jedes Steins ist mit einer sehr dünnen bräunlichschwarzen Glasur bedeckt. Oft stehen kleine Stalaktiten oder Tropfen aus der Oberfläche vor, ein Zeichen dafür, daß eine Erweichung oder ein Schmelzen in diesem Teil des Steins im Ofen stattgefunden hat. 12 bis 35 cm von der Herdseite nach außen erstreckt sich Zone 1 mit einer hellgrauen, feinkörnigen Bruchfläche. An der Herdseite ist diese Zone so stark erweicht, daß die anschließenden Steine im Ofen zu einer festen zusammenhängenden Masse umkristallisiert sind. Die graue Zone ist scharf abgegrenzt gegen eine schwarze Zone 2, die etwa 2,5 bis 5 cm breit und am unteren Ende homogen ist, durchsetzt mit weißen Stellen von ungelösten Quarzitkörnern, die um so zahlreicher werden, je näher man an Zone 3 kommt. Zone 3 ist im Aussehen dem unveränderten Silicastein sehr ähnlich, sie ist nur härter und stärker verglast; ihre Farbe ist in der Grundmasse zwischen den weißen Quarzitkörnern tiefbraun. Zone 4 entspricht in Zusammensetzung und Gefüge dem ungebrauchten Stein, nur die Farbe der Bruchfläche hat sich etwas geändert. Die scharfe Grenze zwischen den Zonen 3 und 4 bezeichnet den Endpunkt, bis zu welchem eine Vermehrung der Flußmittel im Stein durch Eindringen von den heißeren Zonen her stattgefunden hat.

Dieses eigentümliche zonale Gefüge des gebrauchten Silicasteins ist von mehreren Forschern festgestellt und untersucht worden. *Graham*[21]), *Rengade*[46]), *Stead*[48]), *Scott*[46]), *Le Chatelier* und *Bogitsch*[34]), *Bigot*[2]) und *Rees*[42]) haben Analysen und petrographische Untersuchungen an diesen Steinzonen veröffentlicht. *Houldsworth* und *Cobb*[27]) haben die Wärmeausdehnungskurven für einzelne Stücke aus diesen Zonen bestimmt. Die Ergebnisse passen sämtlich auffallend gut zusammen und stimmen auch mit denen der Verfasser der vorliegenden Arbeit überein.

2. Chemische Zusammensetzung der Zonen gebrauchter Steine.

Tabelle 7 enthält Angaben über die Zusammensetzung der in Fig. 10 dargestellten Zonen gebrauchter Steine. In jedem Falle ähnelt die äußere Zone 4 in der Zusammensetzung einem ungebrauchten Silicastein. Die Grenze

Tabelle 7.

Analysen der Zonen in Gewölbesteinen aus sauren und basischen Öfen.

Bestandteil	Tropfen an der Herdseite des Steins	Zone 1	Zone 2	Zone 3	Zone 4
Saurer Stein					
SiO_2	79,8	85,3	72,7	86,4	94,5
Fe_2O_3	9,7	9,0	17,8	3,0	0,3
FeO	6,4	5,4	6,7	2,3	2,0
Al_2O_3	1,4	0,7	1,2	2,2	1,0
CaO	1,4	0,14	0,9	6,1	2,4
MgO	0,3	0,3	0,3	0,4	0,3
MnO	0,64	0,26	0,36	0,13	0,07
Gesamt	99,6	101,1	100,0	100,5	100,6
Gesamt-Eisen	11,8	10,5	17,7	3,9	1,8
Gesamt-Basen	19,8	15,8	27,3	14,1	6,1
Schmelzpunkt, Kegel Nr.	—	30	29—30	28	31
Basischer Stein					
SiO_2	54,7*)	86,3	81,9	87,0	94,6
Fe_2O_3	26,2	6,5	7,5	3,5	0,6
FeO	13,9	5,1	6,4	2,0	1,3
Al_2O_3	2,0	0,8	1,7	2,0	1,0
CaO	1,8	0,8	2,0	5,1	1,7
MgO	0,4	0,6	0,4	0,3	0,3
MnO	0,4	0,4	0,3	0,1	0,04
Gesamt	99,4	100,5	100,2	100,0	99,5
Gesamt-Eisen	29,1	8,5	10,2	4,0	1,4
Gesamt-Basen	44,7	14,2	18,3	13,0	4,9
Schmelzpunkt Kegel Nr.	unter 10	30	28	29	31

*) Tropfen von der Oberfläche.

zwischen Zone 3 und 4 bezeichnet den Endpunkt des Eindringens von Flußmitteln von dem heißen Ende des Steins her.

Keins von den zugeführten Flußmitteln erreicht die Zone 4; sie ist auch für eine Umkristallisation nicht heiß genug. In Zone 3 ist das Verhältnis zwischen Gesamteisengehalt, Kalk und Manganoxyd annähernd dasselbe wie in dem ungebrauchten, noch unveränderten Stein, der durch Zone 4 vertreten ist. Diese Tatsache beweist, daß keine Flußmittel aus der Ofenatmosphäre diese Zone erreicht haben; die Veränderungen in den Zonen 1

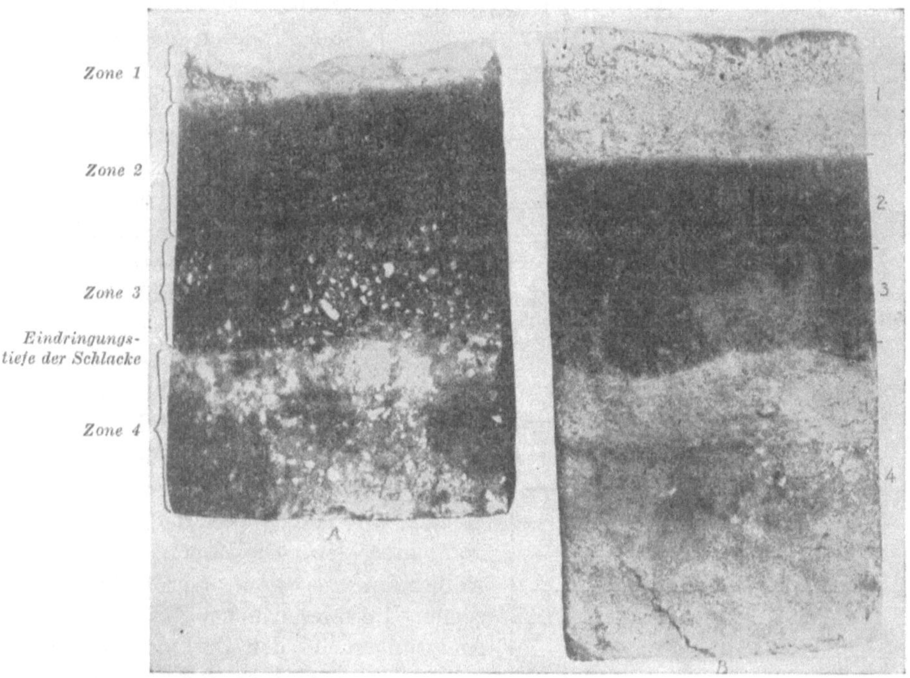

Fig. 10. Bruchflächen von Gewölbesteinen aus einem sauren und einem basischen Siemens-Martin-Ofen: A. basisch (behauene Oberfläche); B. sauer.

und 2 haben nur eine Anreicherung der ursprünglich im Stein vorhandenen Flußmittel in der Zone 3 bewirkt. In dem basischen Gewölbestein z. B. hat sich der Anteil sämtlicher Flußmittel von 4,9 Proz. in der unveränderten Zone 4 auf 13 Proz. in der braunen Zone 3 erhöht. Diese Erscheinung genügt für die Erklärung der Verglasung und Dunkelfärbung der Grundmasse zwischen den Quarzitkörnern in Zone 3.

In Zone 2 des basischen Gewölbesteins ist der Gesamtgehalt an Basen auf 18,3 Proz. gestiegen, die chemische Zusammensetzung dieser Flußmittel hat sich aber stark geändert, und zwar durch eine beträchtliche Vermehrung des Eisen- und Mangangehalts und eine Verminderung des Kalks. Offenbar sind die Flußmittel aus der Ofenatmosphäre in das Steingefüge bis in die

Zone 2 vorgedrungen. Die unregelmäßige Grenzlinie zwischen Zone 2 und 3 bezeichnet die Grenze des Eindringens von Flußmitteln von der Herdseite des Steins.

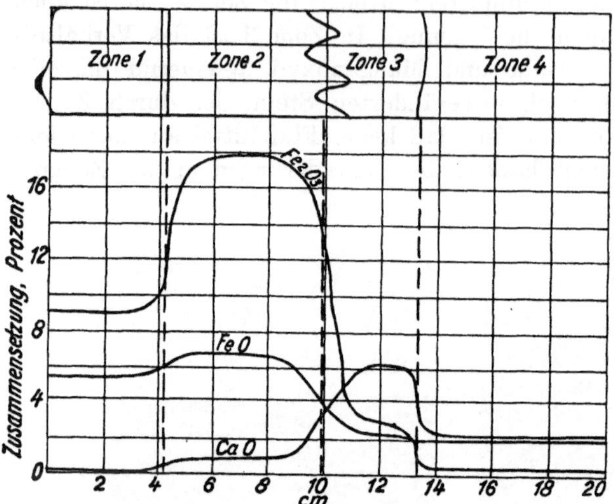

Fig. 11. Chemische Zusammensetzung der Zonen eines gebrauchten Steins aus einem sauren Siemens-Martin-Ofen.

In Zone 1 hat der Gesamtbasengehalt wieder bis auf 14,2 Proz. abgenommen, aber unter Erhöhung des Anteils an Eisenoxyden und Kalk. Die Tropfen von der inneren Gewölbeoberfläche bildeten im basischen Ofen 'größtenteils eine schwarze, schlackenähnliche Masse, die von der Gewölbeoberfläche gerade zu der Zeit abtropfte, als der Ofen abkühlte. Hier haben sich die basischen Bestandteile auf 44,7 Proz. erhöht, sie bestehen zum größten Teil aus Eisenoxyd. Die Schlacke enthält hauptsächlich Magnetit und Kieselsäure bei geringem Gehalt an Kalk, Tonerde*) und Manganoxyden. Die Zonen im Gewölbestein aus dem sauren Ofen zeigen im wesentlichen dieselben Änderungen in der Zusammensetzung, mit Ausnahme der Zonen 1 und 2, in denen der Kalkgehalt niedriger und der Eisenoxydgehalt höher ist als in dem Stein aus dem basischen Ofen. Fig. 11 und 12 geben annähernd die chemischen Veränderungen in der Zusammensetzung dieser beiden in Fig. 10 dargestellten Steine an.

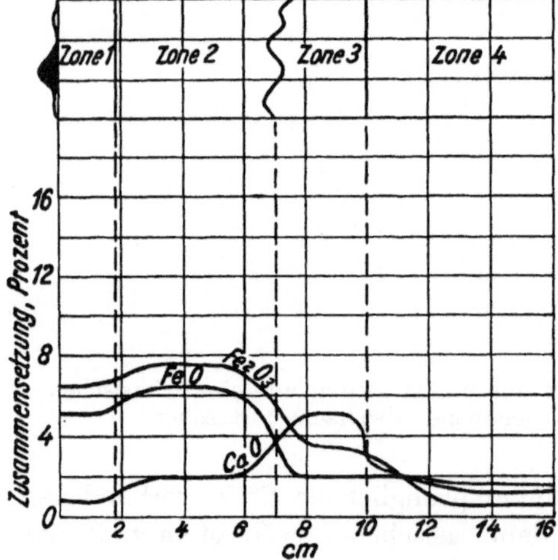

Fig. 12. Chemische Zusammensetzung der Zonen eines gebrauchten Steins aus einem basischen Siemens-Martin-Ofen.

---

*) Die Tonerde in diesen und den anderen Analysen ist unsicher; den Zahlen ist kein allzu großes Gewicht beizulegen.

3. Zonales Gefüge im Gewölbestein.

Wenn man die Gefügearten, die in diesen Zonenbildungen der Steine anzutreffen sind, vergleicht, so hat man sich daran zu erinnern, daß während des Betriebes ein steiler Temperaturabfall zwischen dem inneren und äußeren Ende des Steins besteht. (Wenn der ganze Stein im Ofen die Temperatur der inneren Zone hätte, so würden die Flußmittel den ganzen Stein durchdringen, er würde schließlich im Gefüge der Zone 1 sehr ähnlich werden.)

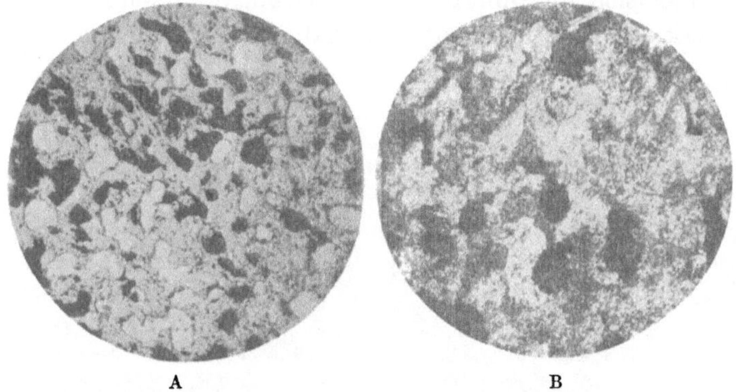

Fig. 13. Zone 1 eines Gewölbesteins aus einem sauren Siemens-Martin-Ofen. × 18.
A. Gewöhnliches Licht; B. + Nikols.

A. Das durchscheinende Material besteht vollständig aus Christobalit. Die schwarzen opaken Stellen sind Eisenoxyd, wahrscheinlich Magnetit. Bei der Herstellung des Dünnschliffs sind einige dieser Abscheidungen unter Hinterlassung von Hohlräumen im Schliff herausgerissen worden.

B. Dieselbe Stelle des Schliffs, wie bei A, aber bei + Nikols. Die Figur zeigt ein kristallinisches Gefüge, das man nach Figur A nicht vermuten konnte. Die verschiedenen Helligkeitsstufen entsprechen der verschiedenen optischen Orientierung der Einzelkristalle.

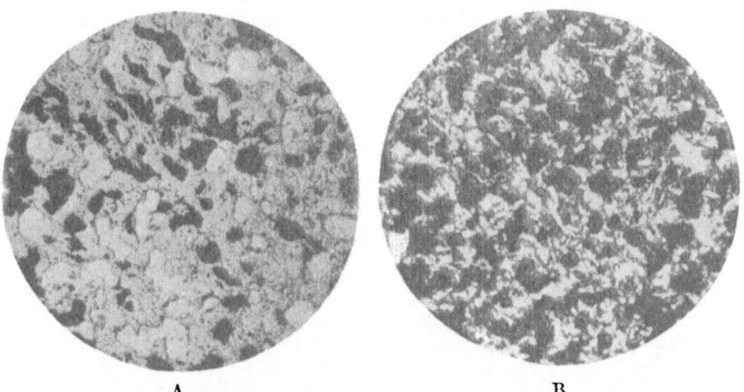

Fig. 14. Zone 2 eines Gewölbesteins aus einem sauren Siemens-Martin-Ofen. × 18.
A. Gewöhnliches Licht; B. + Nikols.

A. Die durchscheinende Grundsubstanz in diesem Dünnschliff besteht meist aus Tridymit, daneben treten auch einige Cristobalitkristalle auf. Das schwarze Material ist Eisenoxyd, wahrscheinlich Magnetit. Einige leere Stellen im Schliff sind von Magnetit zurückgeblieben, der beim Schleifen herausgerissen worden ist. Dieser Bestandteil tritt in keiner anderen Zone in so reichlichen Mengen auf wie hier.

B. Dieselbe Stelle des Schliffs wie bei A. Bei gekreuzten Nikols erscheinen das opake Material, die leeren Stellen und die Kristalle in der Auslöschungsstellung schwarz. Vergleicht man die kristallinen Flächen hier mit denen der Figur 13 B, so sind hier größere und besser ausgebildete Kristalle festzustellen.

Die Fig. 13 bis 20 enthalten mit den angefügten Erläuterungen die Ergebnisse der petrographischen Untersuchung durch *A. H. Emery*, Petrograph und Assistant Geologist des Bureau of Mines, an dem in Fig. 10 dargestellten Stein. Die Bilder wurden an Dünnschliffen von den entsprechenden Zonen parallel zur Längsachse des Steins angefertigt. Die Ergebnisse stimmen im wesentlichen mit denen der anderen bereits genannten Forscher überein.

Zone 4 hat dasselbe Gefüge wie ein ungebrauchter Stein. Sie besteht aus Quarzitbruchstücken, die in Cristobalit umgewandelt sind; in den größeren Stücken befindet sich im Innern noch nicht umgewandelter Quarz, der mit einem Netzwerk aus Tridymit- und Cristobalitkristallen mit geringen Mengen

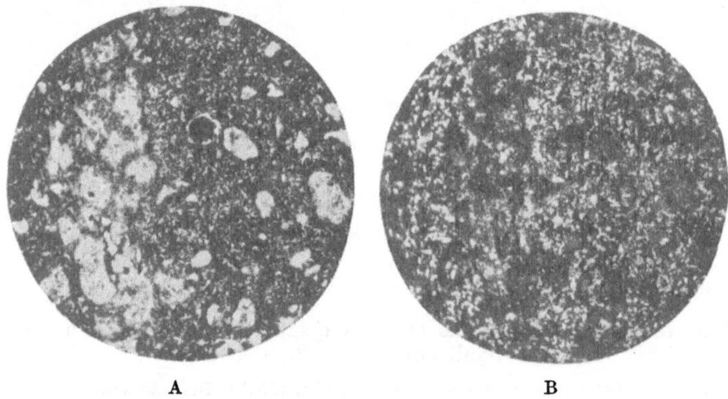

A   B

Fig. 15. Zone 3 eines Gewölbesteins aus einem sauren Siemens-Martin-Ofen. × 18.
A. Gewöhnliches Licht; B. + Nikols.

A. SiO_2 liegt hier vornehmlich als Cristobalit vor. Neben SiO_2 und Eisenoxyd treten hier stellenweise akzessorische Mineralien auf. Diese Bestandteile sind so stark braun gefärbt, daß sie im Bild schwarz erscheinen. Die hellen Stellen sind Splitter von Magerungsquarzit.

B. Die Art der Kristallausscheidung hier ist ein Mittelding zwischen den Figuren 13 A und 14 A.

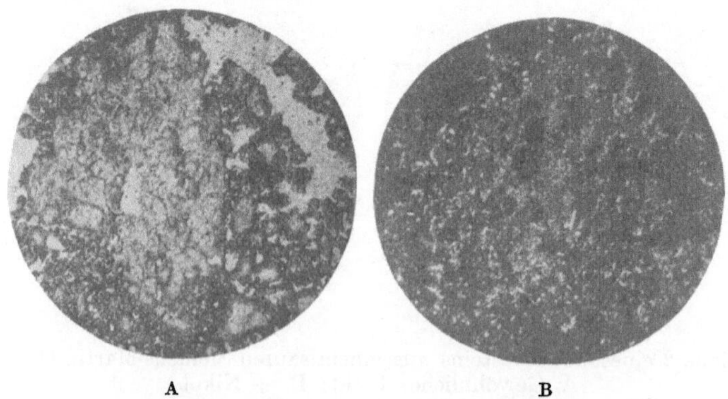

A   B

Fig. 16. Zone 4 eines Gewölbesteins aus einem sauren Siemens-Martin-Ofen. × 18.
A. Gewöhnliches Licht; B. + Nikols.

A. Das Gesichtsfeld zeigt vorwiegend Cristobalit und das Gefüge eines wahrscheinlich auch während des Gebrauchs unveränderten Steins. Zahlreiche Magerungsquarzitkörner sind überall sichtbar.

B. Die Kristalle dieser Zone sind in der Größe verschieden, vorwiegend jedoch klein. Die Magerungsquarzitkörner zeigen kaum ein Gefüge.

Glas und aus der basischen Schmelze gebildeten akzessorischen Mineralien umgeben ist. In Zone 3 ist die Grundmasse aus verfilzten Kristallen durch den höheren Gehalt an Flußmitteln dunkler gefärbt; es findet sich hier gewöhnlich mehr Cristobalit. Die Magerungsquarzitkörner bleiben ungelöst, sind aber im Innern fast alle in Cristobalit umgewandelt. Die Temperatur in dieser Zone ist hoch genug gewesen, um ein Eindringen der geschmolzenen Flußmittel in das Innere des Kristallnetzwerks zu ermöglichen, aber zu niedrig, um eine nennenswerte Lösung und Umkristallisation dieser Kiesel-

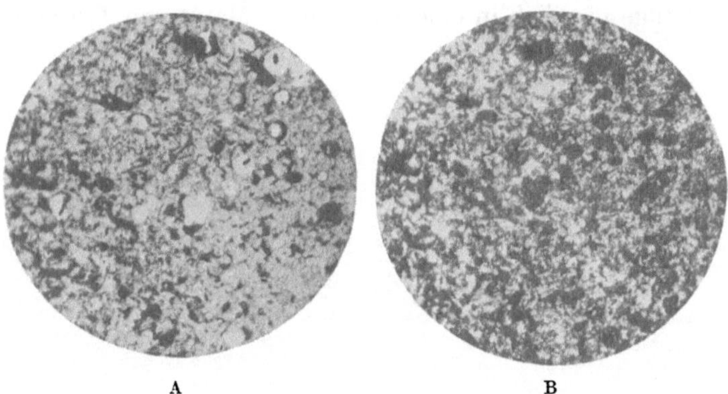

Fig. 17. Zone 1 eines Gewölbesteins aus einem basischen Siemens-Martin-Ofen. × 18.
A. Gewöhnliches Licht; B. + Nikols.

A. Weitaus überwiegend Cristobalit. Sprünge in der Steinmasse sind durch einen schwarzen opaken Stoff, wahrscheinlich Magnetit, ausgefüllt, der an einigen Stellen des Schliffs herausgebrochen worden ist unter Zurücklassung leerer Stellen, die jedoch auch Poren im Stein sein können.

B. Die Cristobalitkristalle treten in zwei Größen auf, rechts sehr klein, nach links größer werdend. Der Schliff ist aus dem Übergang von der 1. zur 2. Zone genommen. A und B sind dieselben Stellen des Schliffs.

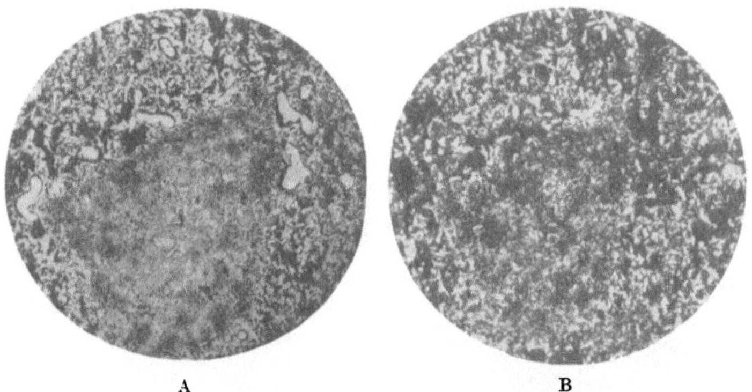

Fig. 18. Zone 2 eines Gewölbesteins aus einem basischen Siemens-Martin-Ofen. × 18.
A. Gewöhnliches Licht; B. + Nikols.

A. Die Grundsubstanz besteht aus Tridymit und Cristobalit, ersterer überwiegt stark. Ein Magerungsquarzitkorn befindet sich in der Mitte der Figur. Das opake Eisenoxyd ist hier reichlicher vorhanden als in den anderen Dünnschliffen aus dem Stein.

B. Das kristallinische Gefüge tritt hier deutlich hervor. Das Magerungsquarzitkorn ist nicht so grobkristallin wie die Grundsubstanz. A und B sind dieselben Stellen des Schliffs.

säurekristalle herbeizuführen. Beim Übergang von Zone 2 zu Zone 3 nehmen die weißen Quarzitbruchstücke an Zahl und Größe ab, bis in den heißeren Partien der Zone 2 das Gefüge beinahe homogen wird. Tridymitkristalle herrschen· vor, vermischt mit etwas Cristobalit und mit schwarzen Stellen, die in der Hauptsache aus Magnetitkristallen bestehen, welche zwischen den Tridymitkristallen eingestreut sind. Diese Zone ist auf 1250 bis 1480° C im Betriebe erhitzt worden; unter diesen Bedingungen lösen die geschmolzenen Flußmittel wahrscheinlich Kieselsäure bis zur Sättigung auf und scheiden sie wieder als Tridymit aus. Dieser Vorgang setzt sich fort, bis das ursprünglich heterogene Gefüge gänzlich in eine einheitliche Masse von Tridymitkristallen

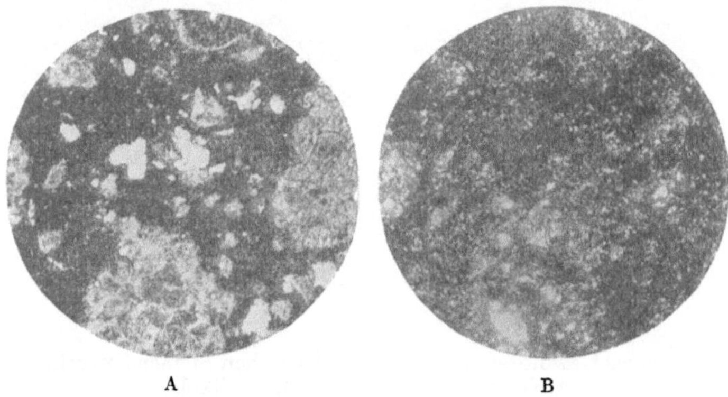

A   B

Fig. 19. Zone 3 eines Gewölbesteins aus einem basischen Siemens-Martin-Ofen. × 18.
A. Gewöhnliches Licht; B. + Nikols.

A. Der reichlich vorhandene Magerungsquarzit ist deutlich zu erkennen. Der braune Farbton, den auch der Cristobalit besitzt, verleiht dem ganzen Gesichtsfeld eine dunkle Farbe. Die rein weißen Flächen sind durch Herausfallen von Teilchen bei der Herstellung des Schliffs entstanden. Cristobalit herrscht vor; außerdem treten einzelne akzessorische Mineralien auf.

B. Dieselbe Stelle des Schliffs wie bei A. Das Gefüge ist durchweg feinkristallin.

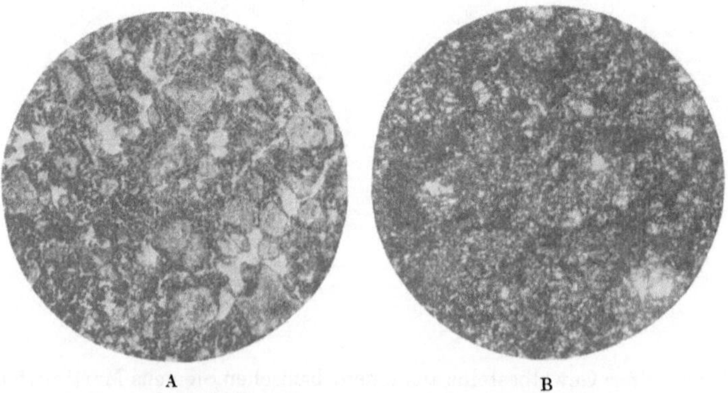

A   B

Fig. 20. Zone 4 eines Gewölbesteins aus einem basischen Siemens-Martin-Ofen. × 18.
A. Gewöhnliches Licht; B. + Nikols.

A. Meist unveränderte Steinmasse, die hauptsächlich aus Cristobalit besteht. Die Magerungsquarzitkörner sind deutlich zu erkennen.

B. Dieselbe Stelle des Schliffs wie bei A. Das Gefüge ist durchweg feinkristallin.

umgewandelt ist. Cristobalitkristalle mit eingestreutem Magnetit und häufig allerdings sehr geringen Mengen anderer Mineralien herrschen in Zone 1 vor. Die Umkristallisation ist noch vollständiger als in Zone 2, die Masse ist feinkörnig und homogen. Die Betriebstemperaturen in dieser Zone haben größtenteils über 1470° C gelegen; dies ist die obere Temperaturgrenze, bei der Tridymit stabil ist, die Kieselsäure ist deshalb als Cristobalit auskristallisiert.

Diese Beschreibung trifft in gleicher Weise auf saure und basische Gewölbesteine zu, denn das zonale Gefüge ist im wesentlichen in beiden Fällen das gleiche. Von den beiden in Fig. 10 dargestellten Steinen war der Gewölbestein aus dem basischen Ofen ungefähr $3^1/_2$ Monate und der Stein aus dem sauren Ofen ungefähr 6 bis 8 Monate im Betrieb. Für das Wachsen der Kristalle in dem Stein aus dem sauren Ofen war also mehr Zeit vorhanden, so daß hier ein besser ausgebildetes Gefüge entstand, wie es auch der Dünnschliff zeigt. In der Regel waren die Höchsttemperaturen der inneren Gewölbeoberfläche in dem sauren Ofen 50 bis 100° C höher als im Gewölbe des basischen Ofens. Dies dürfte der Grund dafür sein, daß die graue Zone in dem Gewölbestein aus dem sauren Ofen breiter ist.

Petrographische Angaben und Mikrophotographien der Zonen in gebrauchten Silicasteinen aus basischen und sauren Siemens-Martin-Öfen*).

Merkliche Unterschiede in der mineralischen Zusammensetzung der übereinstimmenden Zonen der Steine aus sauren und basischen Öfen sind nicht vorhanden. Das Gefüge ist, wie aus den nebenstehenden Mikrophotographien (Fig. 13 bis 20) hervorgeht, wenig verschieden; lediglich scheint in dem sauren Stein eine weitergehende Umkristallisation stattgefunden zu haben.

Die erstarrten Tröpfchen aus schwarzer Schlacke, die an der inneren Oberfläche des Gewölbesteins im basischen Ofen hafteten, bestehen aus kleinen Cristobalitkristallen und einer erheblichen Menge feinverteilten Magnetits. Andere Mineralien konnten hier nicht festgestellt werden.

Die erste oder innere Zone in jedem Stein besteht aus Cristobalit mit geringen Mengen Eisenoxyd, das wahrscheinlich in der Form von Magnetit vorliegt. Diese Zone hat eine graue Farbe und weist Anzeichen beginnender Erweichung oder Schmelzung auf.

Die zweite oder schwarze Zone besteht aus einem Gemisch von Magnetit, Cristobalit und Tridymit, wobei letzterer bei weitem vorherrscht.

Die dritte oder braune Zone, welche unveränderte Körner von hellem Magerungsquarzit enthält, besteht aus Cristobalit mit einem geringen Gehalt an Eisenoxyd und wenigen verstreuten Kristallen von akzessorischen Mineralien.

Die vierte oder braungelbe Zone ist praktisch unveränderter Silicastein und besteht hauptsächlich aus Cristobalit.

---

*) Der Text zu den folgenden Erläuterungen und den Fig. 13 bis 20 stammt von *A. H. Emery*, Petrograph und Assistant Geologist im U. S. Bureau of Mines, Pittsburgh Experiment Station.

4. Schmelztemperaturen der Zonen im gebrauchten Stein.

Tabelle 8 enthält Analysen und andere Daten, die von *Stead*[48]) über die Zonen eines gebrauchten Silicasteins aus einem Talbotofen gesammelt wurden. Man vergleiche diese Analysen mit denen in den Tabellen 7, 9, 10 und 11.

Es ist zu erkennen, daß der Porenraum von 25 bis 30 Proz. in dem unveränderten Silicastein bis auf 12 bis 15 Proz. in den mit Flußmitteln gesättigten Zonen heruntergegangen ist.

Stead gibt an, daß die Sättigung mit Flußmitteln den Schmelzpunkt von ungefähr 1710° C des ungebrauchten Steins auf 1580 bis 1610° C bei den mit Flußmitteln durchsetzten Zonen herabsetzte. Die entsprechenden Zahlenreihen in den Tabellen 7, 8, 9, 10 und 11 zeigen eine geringere Differenz in den

Tabelle 8. Analysen der Zonen eines gebrauchten Gewölbesteins aus einem Talbot-Ofen nach *Stead*.

Bestandteil	Zone				
	1	2 A	2 B	3	4
SiO_2	92,20	89,17	88,20	87,85	95,50
TiO_2	0,07	0,19	0,25	0,28	0,10
Al_2O_3	0,76	1,12	1,78	1,55	1,19
Fe_2O_3	4,57	5,64	4,07	4,07	0,71
CaO	1,80	3,00	5,00	5,50	2,00
MgO	0,21	0,47	0,36	0,45	0,14
Alkalien	0,39	0,41	0,34	0,30	0,36
Insgesamt	100,00	100,00	100,00	100,00	100,00
Schmelzpunkt °C	1595	1580	1610	1610	1710
Spez. Gewicht des Steinpulvers	2,338	2,393	2,390	2,468	2,451
Raumgewicht des Steins	1,978	2,040	2,108	2,170	1,777
Porosität (Pulvermethode)	15,4	14,8	11,8	12,1	27,5

Schmelzpunkten. Ein ungebrauchter Silicastein oder die äußere Zone eines gebrauchten Steins schmelzen bei Kegel 31 bis 32, d. h. bei Temperaturen von 1690 bis 1710° C. Die inneren Zonen eines gebrauchten Steines ergaben Schmelzpunkte von Kegel 28 bis 30 (1630 bis 1680° C). Diese Schmelzpunkte liegen also nur ein bis drei Kegel, oder 20 bis 60° C niedriger als beim ungebrauchten Stein.

Die mittlere Zone in einem gebrauchten Silicastein aus dem Gewölbe hat einen Schmelzpunkt von Kegel 26 bis 28 (1590 bis 1630° C). Diese Zone rührt wahrscheinlich von der Anreicherung der Flußmittel im Stein her.

Die innere Zone eines mit Flußmitteln gesättigten Steins im sauren Ofen besitzt einen Schmelzpunkt, welcher höchstens 20° C niedriger als der des ungebrauchten Steins liegt. In basischen Öfen schwankt diese Schmelzpunktserniedrigung zwischen 20 und 100° C, weil die Flußmittelteilchen in den Feuergasen der basischen Öfen wahrscheinlich einen viel höheren Kalkgehalt haben. Im sauren Ofen bestehen diese Flußmittel fast ausschließlich aus Eisenoxyden.

Im allgemeinen scheint der Schmelzpunkt des Silicasteins durch die Sättigung der Porenräume mit Flußmitteln nicht wesentlich herabgesetzt zu werden. Der Vorgang dürfte sich ungefähr folgendermaßen abspielen: Die Schmelzpunkte derartiger Stoffe werden in hohem Maße durch die Temperaturen bestimmt, bei denen so viel vom Kieselsäurenetzwerk durch die Flußmittel aufgelöst worden ist, daß seine Standfestigkeit aufgehoben wird, d. h. daß das in sich verflochtene Netzwerk in einen Zustand verwandelt wird, bei dem die Kieselsäurekristalle in einem Schmelzfluß suspendiert sind. Schmelzflüsse nehmen in der Viscosität bei Erhöhung des Kieselsäuregehaltes sehr stark zu, so daß eine gegebene Menge von Flußmitteln nur eine begrenzte Menge von Kieselsäurekristallen auflösen kann. Die zur Sättigung des Porenraums in einem Stein erforderliche Menge an Flußmitteln ist begrenzt, sie ist wahrscheinlich nicht groß genug, um das Kristallgefüge der Steinmasse zu zerstören. Es werden daher nur Temperaturen erreicht, die nicht mehr als 50 bis 100° C unter dem Schmelzpunkt der reinen Kieselsäure liegen.

5. Ebenen geringer Festigkeit in Steinen mit zonalem Gefüge: Absplittern.

Die Bildung des zonalen Gefüges im Silicastein scheint zwei oder mehr wagerechte Ebenen geringer Festigkeit zu schaffen, d. h. Ebenen, in denen die Steine unter Druck oder durch die bei der Kühlung entstehenden Spannungen leicht abbrechen. Die eine liegt am Übergang von Zone 1 zu Zone 2, wo die graue verglaste Steinmasse unvermittelt in eine schwarze und weniger verglaste Form übergeht, wobei wahrscheinlich der Gehalt an Cristobalit abnimmt und Tridymit überwiegender Bestandteil wird. Ein geringer Unterschied in der Größe der Zusammenziehung scheint Spannungen in dieser Zone zu verursachen. In abgekühlten Öfen findet man gewöhnlich Bruchstücke von Steinen, die in dieser Ebene oder nahe derselben abgebrochen und heruntergefallen sind.

Zone 3 ist hart und verglast, während Zone 4 die verhältnismäßig poröse und kreidige Struktur eines ungebrauchten Steines hat. Zwischen diesen Zonen liegt eine scharfe Trennungsebene (vgl. „Eindringungstiefe der Schlacke" in Fig. 10). Beim Abkühlen eines alten Gewölbes platzen viele Steine mit gerader Bruchfläche in dieser Ebene ab; ein großer Teil der übrigen Steine würde hier auch durch einen scharfen Schlag mit dem Hammer absplittern. Wie in Kapitel I dargelegt wurde, wird die Abnutzung eines Gewölbes an einzelnen Stellen oft durch das Abplatzen viereckiger Steinstücke beschleunigt, das dann Ursache für Löcher und eine beschleunigte Zerstörung des Gewölbes wird. Diese Neigung zum Absplittern ist wahrscheinlich direkt oder indirekt mit derartigen Ebenen geringer Festigkeit verbunden, die durch das zonale Gefüge und durch den schroffen Temperaturabfall im Gewölbe bedingt ist.

6. Chemische Zusammensetzung gebrauchter Steine aus dem Gewölbe und aus den Wänden eines basischen Siemens-Martin-Ofens.

Ein basischer 50 t Ofen, der eine Ofenreise von ungefähr 125 Tagen hinter sich hatte, wurde zwecks Neuzustellung abgekühlt. Das ursprünglich 23 cm starke Gewölbe war zum größten Teil bis auf 13 bis 15 cm abgeschmolzen; eine Fläche von der Ausdehnung einiger Quadratfuß in der Nähe der Rückwand über dem Abstichloch war aber bereits ungefähr 10 Tage früher durchgebrannt und mit neuen Steinen ausgefüllt worden. Die Reparatursteine waren ebenfalls zum Teil weggeschmolzen und abgesplittert; die längsten Steine waren auf 20 cm verkürzt. Zwei Satz gebrauchter Steine wurden aus diesem Gewölbe entnommen, einer aus dem normalen Teil des Gewölbes, der 125 Tage ausgehalten hatte, und ein Satz aus dem ausgebesserten Teil, der nur 8 bis 12 Tage eingebaut gewesen war. Ein anderes Muster wurde aus einem Teil der Rückwand in der Nähe des Abstichloches zurückbehalten. Von jeder Stelle wurden 4 bis 5 Steine herausgebrochen und nach Zonen in 4 Haufen aufgeteilt, so daß 12 Durchschnittsmuster entstanden, von denen jedes ein Gemisch aus der jeweiligen Zone von 4 Steinen einer bestimmten Stelle im Gewölbe oder in der Wand darstellte. Zwei weitere Proben wurden von den kleinen Stalaktiten genommen, die über die innere Gewölbefläche verstreut waren, und zwar eine Probe aus dem normalen und eine aus dem ausgebesserten Teil des Gewölbes. Das Aussehen und das Gefüge des Gewölbesteins des basischen Ofens (Fig. 10) wurde als fast übereinstimmend in allen diesen Proben festgestellt. Die Bruchflächen der Steine aus den beiden Gewölbeteilen und aus der Rückwand zeigten sämtlich dasselbe zonale Gefüge. Tabelle 9 gibt ihre chemische Zusammensetzung und ihre Schmelzpunkte wieder.

Diese Analysen stimmen in der Hauptsache mit denen in Tabelle 8 überein; dies war zu erwarten, weil alle ungebrauchten Silicasteine fast gleich sind und alle basischen Siemens-Martin-Öfen ungefähr bei denselben Temperaturbedingungen arbeiten und dem Einfluß der gleichen Art von Flußmitteln unterworfen sind. Eisen- und Manganoxyde sind in den vom Stein aufgenommenen Flußmitteln im Verhältnis zum Kalkgehalt reichlich vorhanden; in Zone 3, und zwar in der Nähe der Grenze, bis zu der die Flußmittel eingedrungen sind, ist derselbe Kalkgehalt festzustellen.

Aussehen, Gefüge und chemische Zusammensetzung der Steine aus der Rückwand sind im wesentlichen ähnlich den Proben aus dem Gewölbe; hieraus geht hervor, daß beide Teile des Herdraums ähnliche Arbeitstemperaturen besitzen und durch dieselbe Art Flußmittel angegriffen wurden. Der Stein aus dem normalen Gewölbe mit etwa 125 Tagen Haltbarkeit und der in dem ausgebesserten Teil 8 bis 12 Tage lang eingebaute Stein sind ebenfalls ziemlich ähnlich. Augenscheinlich ist der Vorgang der Umkristallisation und der Sättigung mit Flußmitteln in einem neuen Gewölbe bereits im Laufe der ersten beiden Betriebswochen vollständig beendet. Dies wurde durch genaue

Beobachtung eines neuen Gewölbes in einem anderen Ofen festgestellt. In den ersten beiden Wochen der Stahlherstellung blieben die Ecken der Steine im ganzen Gewölbe scharfkantig und sauber wie bei neuen Steinen. Schon zu Beginn der dritten Woche begannen sich diese Ecken abzurunden, die aneinander grenzenden Steine schienen miteinander zu einer zusammenhängenden Oberfläche zu verschmelzen, wahrscheinlich infolge der Oberflächenwirkung der Hitze und der Flußmittel, nachdem eine Sättigung der Steinmasse stattgefunden hatte.

Tabelle 9. Analysen der Zonen gebrauchter Steine eines basischen Siemens-Martin-Ofens.

Zone, Nr.	SiO_2	Fe_2O_3	FeO	Al_2O_3	CaO	MgO	MnO	Gesamt	Gesamt Fe	Gesamt-basen	Schmelzpunkt Kegel Nr.	ungef. Temp. °C
Normaler Gewölbeteil — Analysenprobe aus der Mitte												
Tropfen von der Oberfläche	90,0	4,0	2,2	1,0	1,2	0,14	0,18	98,7	4,5	8,7	28	1630
1	91,7	3,7	2,7	0,7	0,8	0,18	0,22	100,0	4,7	8,4	28	1630
2	83,2	7,6	3,7	2,7	1,6	0,28	0,34	99,4	8,2	16,2	26	1590
3	87,1	3,4	1,3	4,4	5,4	0,28	0,14	102,0	3,4	14,9	28—29	1640
4	94,5	1,0	0,5	1,4	1,8	0,30	Spur	99,5	1,1	5,0	31—32	1695
Ausgebesserter Gewölbeteil nach 10 Tagen												
Tropfen von der Oberfläche	89,6	5,2	1,9	2,0	2,1	0,28	0,18	101,2	5,1	11,6	28	1630
1	93,7	3,9	1,9	0,8	1,2	0,24	0,18	101,9	4,2	8,2	28—29	1640
2	87,2	4,4	2,2	3,9	3,5	0,24	0,18	101,6	4,8	14,4	28	1630
3	89,1	4,7	1,3	2,0	4,9	0,24	0,12	102,3	4,3	13,3	29	1650
4	95,2	0,7	0,8	2,4	2,4	0,14	Spur	101,6	1,1	6,4	31	1685
Rückwand, oberhalb des Abstichloches												
1	88,1	6,6	2,4	1,5	1,6	0,12	0,25	100,6	6,5	12,5	29	1650
2	85,2	4,3	3,2	3,6	3,1	0,28	0,29	100,0	5,5	14,8	28	1630
3	83,2	6,2	1,5	2,9	5,1	0,18	0,2	99,3	5,5	16,1	29	1650
4	95,0	1,4	0,3	1,1	2,7	0,16	Spur	100,7	1,2	5,7	31	1685

Die kleinen Stalaktiten an der Oberfläche beider Gewölbeflächen haben dieselbe Zusammensetzung und dasselbe Gefüge wie Zone 1 des Steins, im Gegensatz zu den Stalaktiten in Tabelle 9. Die Steinsubstanz an dem heißen Ende scheint zur Zeit höchster Ofentemperaturen so weit erweicht zu sein, daß ein langsames Fließen und Herabtropfen des Steins eintritt. In dieser Hinsicht unterscheidet sich dieser Stein von dem Gewölbestein aus dem basischen Ofen in Fig. 10. Im letzteren Falle bestanden die an der inneren Gewölbefläche gefundenen Tropfen aus einer schwarzen Schlacke, die im Gefüge stark von dem grauen kristallinen Gefüge der inneren Steinzone abwich.

An allen drei Stellen ist der Gesamtbasengehalt der inneren grauen Zonen kleiner als der entsprechenden schwarzen Zonen tiefer im Innern des Steins. Vollständige Umkristallisation, Erweichung der Steinmasse und Abnahme des Porenraums fanden stets an dem heißen Ende des Steins statt. Vielleicht beruhen diese Veränderungen auf einer Art von Zusammenziehung, welche den Überschuß an Flußmitteln gleichsam herauspreßt und in die älteren noch nicht erweichten Zonen hineindrückt. Diese Zusammenziehung erhöht ferner die Volumkonzentration der Kieselsäure in dieser inneren Zone, die den Ofengasen zunächst liegt.

7. Die Kalkkonzentration in den Zonen eines gebrauchten Steins.

In Kapitel II ist die nachstehende Rohanalyse des Flugstaubs in den Ofengasen, die an der Oberfläche eines Gewölbes vorbeiziehen, angegeben: 61 Proz. Fe_2O_3, 29 Proz. FeO, 3 Proz. CaO, 2 Proz. MnO, 3 Proz. MgO, 3 Proz. Al_2O_3.

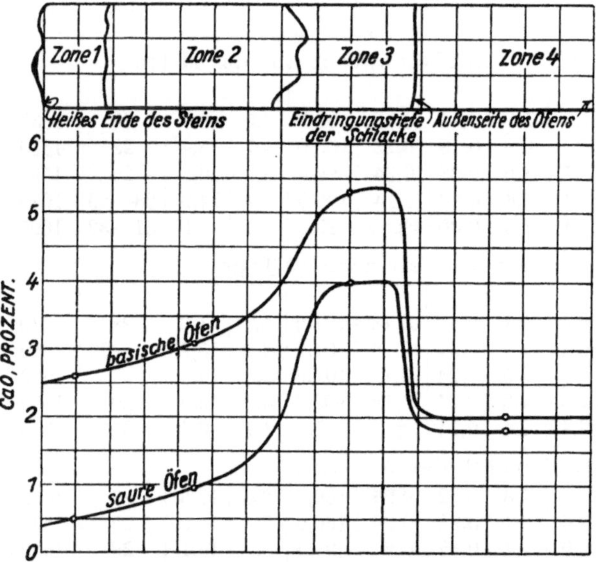

Fig. 21. Gehalt an CaO der verschiedenen Zonen eines gebrauchten Steins aus sauren und basischen Siemens-Martin-Öfen.

Diese Flußmittel dringen in den porösen Silicastein ein und zeigen Neigung, die in der Steinmasse vorhandenen Flußmittel zu verdrängen; letztere haben ungefähr folgende Zusammensetzung: 15 Proz. Fe_2O_3, 33 Proz. FeO, 43 Proz. CaO, 8 Proz. MgO, 1 Proz. MnO. Obgleich der hier angestellte Vergleich nur sehr roh ist, so zeigt er doch wenigstens deutlich einen viel höheren Anteil der Eisenoxyde gegenüber dem Kalkgehalt in den Flußmitteln aus den Ofengasen als in den ursprünglich vorhandenen Basen des Steines. In dem Maße, wie die Poren des Steins in den Zonen 1 und 2 mit den hocheisenoxydhaltigen Flußmitteln aus der Ofenatmosphäre gesättigt werden und der größte Teil der Flußmittel des Steins bis hinauf in die Zone 3 gepreßt oder von ihr aufgesaugt wird, findet eine Anreicherung des Kalks in den mittleren Zonen und eine Verminderung des Kalks in den heißen Zonen jedes Steins statt.

Diese Wirkung tritt in stärkerem Maße im sauren Ofen ein, wo der Flugstaub in den Ofengasen fast keinen Kalk enthält. Fig. 21 zeigt die Verteilung des Kalks in einem gebrauchten Stein; die Zahlen stellen den Durchschnitt von ungefähr 6 Analysen von Steinen aus je einem sauren und einem basischen Siemens-Martin-Ofen dar.

In beiden Fällen ist der Kalk in Zone 3, also nahe an der Grenze, bis zu
der die Flußmittel eingedrungen sind, angereichert; die Verminderung des
Kalkgehaltes in den inneren Zonen ist aber in dem sauren Ofen, in den weniger
Kalk aus den Ofengasen an das Gewölbe gelangt, viel stärker.

8. Die Korrosion von Gewölbesteinen.

Im Verlaufe weniger Betriebsmonate findet eine unvermeidliche Abnutzung
des normalen Gewölbes bis zu dem Punkt statt, wo sein Ersatz notwendig
wird, entweder weil die Wärmeverluste durch die geschwächte Steinschicht
zu groß werden oder weil das Gewölbe dünn und schwach geworden ist und
in Gefahr kommt, in das Schmelzbad während einer Schmelzperiode herab-
zustürzen.

Tabelle 10. Analysen von Tropfenbildungen an Gewölben und Wänden von
Siemens-Martin-Öfen.

Ofentype und Ort der Probentnahme	Nr.	SiO_2	Fe_2O_3	FeO	Al_2O_3	CaO	MgO	MnO	Gesamt-basen	Schmelzpunkt Kegel Nr.	Schmelzpunkt Temperatur °C
Basischer 50 t Ofen, normale Gewölbepartie	1	90,0	4,0	2,2	1,0	1,2	0,14	0,2	8,7	28	1630
Derselbe Ofen wie Nr. 1, 10 Tage alte Reparaturstelle im Gewölbe .	2	89,6	5,2	1,9	2,0	2,1	0,3	0,2	11,6	28	1630
Gewölbe in einem 300 t Talbotofen	3	83,9	6,8	2,9	1,3	5,2	0,9	0,65	17,75	27	1610
Gewölbe eines sauren 25 t Ofens. .	4	79,8	9,7	6,4	1,4	1,4	0,3	0,64	19,74	—	—
Basischer 60 t Ofen, normale Gewölbepartie	5	54,7	26,2	13,9	2,0	1,8	0,4	0,4	44,7	unter 10	unter 1300
Basischer 60 t Ofen, ausgebrannter Gewölbeteil	6	72,4	16,8	9,5	1,2	0,9	0,2	0,3	28,9	27+	1625
Basischer 60 t Ofen, oberer Teil der Rückwand	7	74,9	16,2	6,6	1,5	1,8	0,4	0,5	27,0	27	1615
Basischer 60 t Ofen, Vorderwand über der Tür	8	65,4	22,3	7,1	2,2	2,4	0,7	0,6	35,3	23	1560

In einigen Fällen beruht der Verschleiß auf dem Abplatzen an bestimmten
Stellen, das sich so lange fortsetzt, bis das Gewölbe fast gänzlich abgebröckelt
ist. Noch häufiger bilden sich Löcher durch normale Überhitzung und Wegschmelzen des Gewölbes an bestimmten Stellen. Aber auch in den seltenen
Fällen, wenn weder Absplitterungen, noch örtliche Überhitzungen vorkommen,
tritt eine langsame Abnutzung der Steine an der Herdseite des ganzen Gewölbes ein.

Die Ursache und der Verlauf dieser Abnutzung ist ein wichtiges Problem.
Schon nach einigen Betriebsmonaten findet man ein 30 cm starkes Gewölbe
normalerweise bis auf eine Dicke von 15 bis 20 cm abgenutzt. Ein direkter
Beweis für diesen Vorgang ist das Vorhandensein vieler kleiner Stalaktiten
oder winziger Tropfen, die von der Herdseite eines alten Gewölbes herab-

hängen. Auf der Oberfläche des hellgrauen Silicasteins befindet sich außerdem eine sehr dünne, braunschwarze Glasur über das ganze Gewölbe hin. Oft beobachtet man auf der Oberfläche Stromlinien, die durch geschmolzenes, vom Gewölbe an den Vorder- und Rückwänden herabgeflossenes Material gebildet zu sein scheinen. In der Regel hängen Tropfen an allen vorspringenden Kanten der Vorder- und Rückwände. Tabelle 10 enthält die Analysen einer Anzahl derartiger Tropfen, die von abgenutzten Gewölben entnommen wurden, nachdem diese zwecks Reparatur abgekühlt worden waren. Diese Muster stellen ein Material dar, das in dem heißen Ofen bis zum Fließen erweicht war.

Die Proben 1 und 2 besaßen genau dieselbe Bruchfläche wie die innere Zone der Gewölbezustellung, zu der sie gehörten. Außerdem stimmten die Analysen und Schmelztemperaturen der Tropfen und inneren Steinzonen (vgl. Tabelle 9) in allen Fällen im wesentlichen überein. Auf Grund dieser Proben können wir den Schluß ziehen, daß die Korrosion des Silicagewölbes lediglich in einem langsamen Wegschmelzen der Oberflächenschicht bestand.

Die Tropfen von Probe 4 aus einem sauren Ofen bestanden hauptsächlich aus hellgrauem, dichtem, kristallinem Material von dem Gefüge der inneren Steinzone, nur an ihren unteren Enden hatten sie Spitzen aus schwarzer Schlacke. Diese Schlackenspitze enthält mehr Flußmittel als das Steinmaterial, so daß diese Tropfen durchschnittlich einen Gesamtbasengehalt von 19,8 Proz. besitzen, gegenüber 15,8 Proz. in Zone 1 des Steines (vgl. Tabelle 5). Die Proben 5 bis 8 wurden von verschiedenen Stellen im Schmelzraum eines basischen 60 t Ofens entnommen. Nahe an einem Ende war infolge örtlicher Überhitzung ein Loch durch das Gewölbe gebrannt, rings um dieses Loch war der Stein noch 5 bis 7,5 cm stark. Der Rest des Gewölbes war zum größten Teil ziemlich gleichmäßig, d. h. in normalem Ausmaß weggefressen, also ungefähr 5 bis 7,5 cm dünner als ein neues Gewölbe. Tropfen wurden auch von einer normalen Stelle nahe der Gewölbemitte als Probe 5 gesammelt, sowie von der dünnen Stelle rund um das Loch als Probe 6. Außerdem wurden Tropfen, die von einer vorspringenden Kante des Mauerwerks in der Rückwand herabhingen, als Probe 7 gesammelt, ferner einige Tropfen, die längs der inneren Kante eines Türbogens in der Vorderwand hingen, als Probe 8. Die Tropfen von Probe 6 aus der normalen Gewölbepartie bestanden einfach aus schwarzer Schlacke, die an der Gewölbeoberfläche bei der Abkühlung des Ofens hängen geblieben waren. Sie enthielten an Basen 45 Proz., an Kieselsäure 55 Proz., Ferro- und Ferrioxyd in demselben Mengenverhältnis wie im Magnetit. Diese Schlackentröpfchen schmolzen unterhalb 1300° C und dürften bei der Stahlschmelztemperatur sehr dünnflüssig gewesen sein. Man kann annehmen, daß sie bei den Betriebsbedingungen des Ofens flüssige Tropfen waren, die durch die Oberflächenspannung in Form von kleinen Erhebungen an der Gewölbeoberfläche gehalten wurden. Unter dem Mikroskop zeigen sie ein eutektisches Gefüge von feinen Magnetit- und Cristobalitkristallen. Die Tropfen aus dem durchgebrannten Gewölbeteil bestanden zum Teil aus kristalliner Steinsubstanz, die während des Betriebes bei der höheren Temperatur in diesem Teil des Gewölbes erweicht waren. Diese Tropfen enthalten 73 Proz. Kieselsäure und schmelzen bei ungefähr 1625° C, d. h. nicht viel niedriger als die Schmelztemperatur der Zone 1 des Gewölbesteins liegt (1670° C). Die Tropfen auf den Vorder- und Rückwänden waren schwarz, aber etwas kristallin im Gefüge; sie enthalten mehr Kieselsäure als die Schlackentröpfchen am Gewölbe. Die Tropfen an der Seitenwand hatten die Form dünner Stalaktiten von 2,5 bis 7,5 cm Länge, während die Tropfen am Gewölbe klein und abgerundet waren, ähnlich wie Wassertropfen, die sich auf einem Stück Metall sammeln, das man über einen Dampfstrahl hält.

An den letzten Proben (Nr. 4 bis 8) ist deutlich zu sehen, daß die Korrosion der Gewölbesteine nicht ein einfaches Abschmelzen der Oberflächenschicht ist; es tritt vielmehr auch noch die Einwirkung der über die Oberfläche fließenden Schlacke hinzu. Fig. 22 zeigt einen neuen Gewölbesilicaformstein und eine Anzahl gebrauchter Formsteine, die demselben Gewölbe entnommen wurden wie die Proben 5 bis 8. Die gebrauchten Steine wurden durchgeschlagen, um ihre Bruchflächen sichtbar zu machen. In der Figur entsprechen die oberen Enden der Steine der Herdseite. Der kleine Stein rechts befand sich dicht bei dem nahe am Ende des Gewölbes durchgebrannten Loch; die abgebildete Reihe stellt so alle Stadien der Zerstörung des Gewölbes dar. Wenn die innere graue Zone weg-

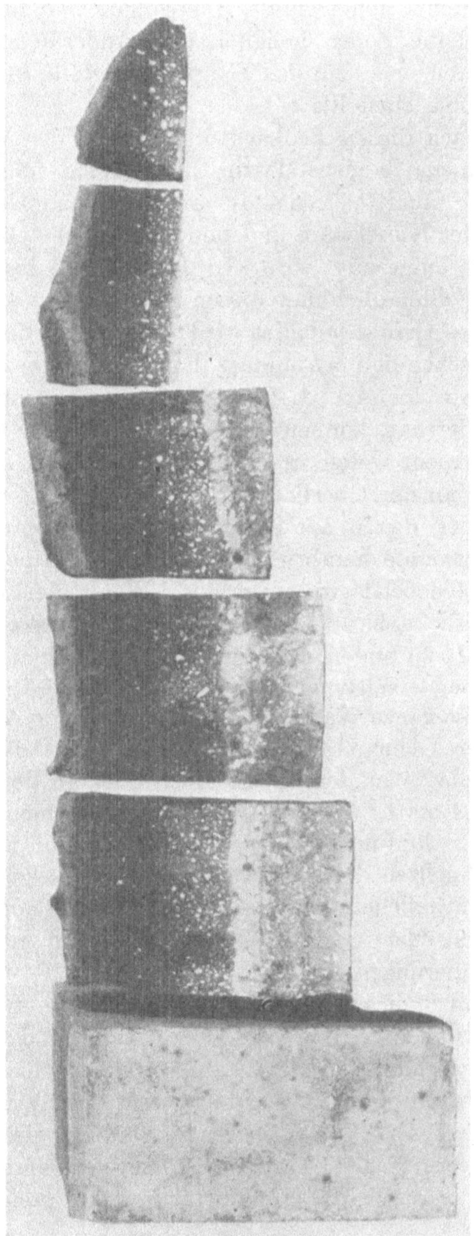

Fig. 22. Fortschreitende Abnutzung von Silicagewölbesteinen.

gefressen ist, bildet sich eine neue Zone dieser Art aus der schwarzen Zone
darüber, so daß sich der mit Schlacken vollgesaugte Teil des Steins in demselben Maße weiter nach der Außenseite zu verschiebt, wie der innere Teil
des Steins sich abnutzt. Das zonale Gefüge bleibt im wesentlichen dasselbe,
wobei die Zonen lediglich eine Änderung ihrer Größe in demselben Maße
erfahren, wie sich das Temperaturgefälle in dem langsam dünner werdenden
Gewölbe einstellt.

Nach diesen Beobachtungen kann der Verlauf der normalen Abnutzung
in einem Siemens-Martin-Ofengewölbe folgendermaßen dargestellt werden.
Die Flußmitteloxyde, die auf das neue Gewölbe gelangen, verbinden sich
mit der Kieselsäure und bilden eine Schlacke, welche von der porösen Steinmasse aufgesaugt wird. In den ersten 5 bis 10 Arbeitstagen sättigt sich der
Stein allmählich mit diesen Flußmitteln, wobei durch Umkristallisation ein
zonales Gefüge gebildet wird. Die innere Zone wird dicht und kristallin und
wahrscheinlich fast undurchlässig für weiter eindringende Schlacke. Nachdem
sich so eine Art Gleichgewicht zwischen dem Gewölbe und den Ofengasen
gebildet hat, können die weiterhin auf das Gewölbe gelangenden Flußmittel
nicht mehr weiter in den Stein eindringen, sondern nur noch mit der Kieselsäure an der Oberfläche verschmelzen. Es wird dann eine flüssige Schlacke
gebildet, die in das Schmelzbad herabtropft oder an dem Gewölbe über die
Seitenwände herabrinnt, wobei sie nur eine dünne schwarze Glasur auf der
Gewölbeoberfläche hinterläßt. Wenn die Schlacke nach den Seitenwänden
herabfließt, hat sie Zeit, mehr Kieselsäure aufzunehmen und eine zähflüssige
Schicht zu bilden, die langsam in das Schmelzbad herabfließt. Diese langsam
auflösende Wirkung ist wahrscheinlich die Ursache für eine das ganze Gewölbe
und die ganze Wandoberfläche umfassende Abnutzung von mehr oder weniger
großer Gleichmäßigkeit. Jedoch findet dieses Abschmelzen häufig etwas
schneller über dem Abstichloch oder an den Stellen an den Enden des Gewölbes statt, wo der Gasstrom wahrscheinlich größere Mengen von Flußmitteln hinführt. Es ist wichtig, darauf hinzuweisen, daß dieses langsame
Abschmelzen der Silicawände und des Gewölbes durch Eisenoxyd, Kalk und
Dolomitteilchen aus der Schmelze eine notwendige Begleiterscheinung des
Siemens-Martin-Prozesses darstellt und unabhängig von allen normalen
Veränderungen im Ofengang eintritt.

Außer diesem Abschmelzprozeß durch Flußmittel ist fast jedes Gewölbe
in gewissem Grade der Überhitzung und dadurch bedingten Schmelzung
unterworfen. Bei der Stahlerzeugung müssen die Öfen bei Temperaturen
arbeiten, die dem Erweichungspunkt der inneren Steinzonen sehr nahe kommen
(Kapitel IV). Eine geringe Überhitzung des Gewölbes tritt fast immer auf
und verursacht langsame Schmelzerscheinungen, welche sich mit der Ab-
nützung durch die Flußmitteleinwirkung summieren.

9. Veränderungen am feuerfesten Mauerwerk der Vorder- und Rückwände während des Betriebes.

In fast allen Siemens-Martin-Öfen bestehen die Vorder- und Rückwände entweder ganz oder teilweise aus Silicasteinen. Während einer Ofenreise machen die in die Wände eingebauten Steine fast dieselben Veränderungen durch wie die Silicasteine im Gewölbe, wenn diese Wände auch 2- oder 3 mal so schnell zerstört werden wie normale Gewölbe. Die Oxydteilchen, die aus dem Schmelzbade auf die oberen Wandteile gelangen, sind die gleichen wie die, welche die Herdseite des Gewölbes erreichen. Die Temperaturen der Wände im Betriebe stimmen im wesentlichen mit denen am Gewölbe überein (siehe Kapitel IV). Tabelle 9 enthält die Analysen der Zonen eines gebrauchten Steins aus der Rückwand nahe dem Abstichloch und ungefähr um ein Drittel des Abstandes des Gewölbes von der Schmelzoberfläche von ersterem entfernt. Beim Vergleich mit den Analysen gebrauchter Steine aus dem Gewölbe desselben Ofens (vgl. Tabelle 9) sind keine wesentlichen Abweichungen im zonalen Gefüge und in der Zusammensetzung festzustellen.

Einige Umstände verursachen jedoch scheinbar eine vermehrte Abnutzung der Oberfläche der Steine in den Seitenwänden: 1. Außer den Flußmitteloxyden, die direkt aus der Ofenatmosphäre stammen, fließt wahrscheinlich die am Gewölbe gebildete und noch nicht mit Kieselsäure gesättigte Schlacke an der Wand herab und nimmt Kieselsäure aus dem Mauerwerk auf, bis die Grenze der Dünnflüssigkeit erreicht ist. 2. An den unteren Teilen der Seitenwände, und zwar in der Nähe der Oberfläche des Schlackenbades, ist die Wandoberfläche einem verstärkten Schlackenangriff durch Spritzer aus der Schmelze ausgesetzt. Diese Zone wird oft schnell nach außen ausgehöhlt, sodaß die Wand dicht über ihrem Fundament fast ganz durchgeschnitten wird und der untere Teil die Last des oberen nicht mehr tragen kann und in die Schmelze zu stürzen droht.

10. Unterschiede in der Abnutzung verschiedener Steinarten.

Magnesit und Chromit werden zuweilen zum Aufbau ganzer Wände, öfter jedoch für die unteren Teile der Seitenwände benutzt. Der Magnesitstein saugt nur eine geringe Menge von Flußmitteloxyden aus dem Schmelzbade auf und wird durch dieselben nicht sehr stark angegriffen. Er splittert jedoch viel stärker als ein Silicastein ab, die aus Magnesitsteinen hergestellten Wände werden hauptsächlich auf diese Weise zerstört. Wenn die Wände bis zu einer Höhe von einigen Steinlagen über der Schlackenzone aus Magnesit hochgezogen werden und von hier an weiter bis zu den Widerlagern aus Silicasteinen fortgeführt werden, so entsteht gewöhnlich eine verstärkte Korrosion an der Berührungsfläche zwischen basischem und saurem Mauerwerk. Daß diese Reaktion zwischen Silica- und Magnesitsteinen tatsächlich eintritt, wurde einwandfrei auf einem Stahlwerk festgestellt, wo die Wände wenige Zoll über und unter dieser Linie sehr stark ausgefressen waren. Mehrere Wände wurden mit verschieden hoher Lage dieser Grenzfläche gebaut. In jedem Falle trat die stärkste Korrosion an der Berührungsstelle zwischen beiden Steinsorten ein. Diese Korrosion wird wahrscheinlich durch die beiden Steinsorten und die Schlacke aus dem Schmelzbade, die miteinander in Reaktion treten, verursacht. Chromitsteine in den Seitenwänden werden sehr langsam durch die Flußmitteloxyde der Ofenatmosphäre und durch Schlackenspritzer korrodiert. Die Aufnahme von Flußmitteln im Chromitstein ist auf eine Zone dicht an der den Flußmitteln ausgesetzten Oberfläche begrenzt. Ein erstklassiger Chromitstein splittert viel weniger als Magnesit ab, immerhin aber in einem Maße, um Störungen zu verursachen. Man kann jedoch Chromitsteine in Berührung mit Silicasteinen einbauen, ohne daß eine so starke Wechselwirkung zwischen den Stoffen eintritt, wie zwischen Magnesit und Silica. Fig. 23 zeigt vergleichsweise eine Gegenüberstellung beider Korrosionserscheinungen in zwei Seitenwänden, von denen die eine aus Magnesit- und Silicasteinen und die andere aus Chromit- und Silicasteinen hergestellt ist. Im ersten Falle reicht das Magnesitmauerwerk bis einige Lagen über die Schlakkenzone, dann folgt Silicamauerwerk bis hin

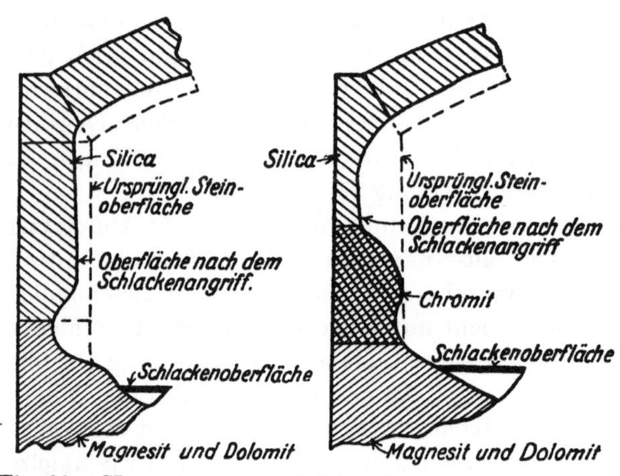

Fig. 23.   Korrosion an zwei Ofenseitenwänden aus verschiedenen Baustoffen.

auf zum Gewölbe; die Silicasteine schließen unmittelbar an den darunter liegenden Magnesit an. In der Nähe der Berührungsfläche bildet sich, wie aus der Abbildung ersichtlich ist, ein tiefer Einschnitt in der Wand. Dies trat wiederholt bei derartigen Wänden ein und machte häufig ihren frühzeitigen Ersatz notwendig, um die Gefahr des Einstürzens der Wand in das Schmelzbad zu verhüten. Einige andere Wände wurden aus Magnesitsteinen aufgebaut, die gerade über der Oberfläche des Schlackenbades endeten, dann kamen Chromitsteine in der unteren und Silicasteine in der oberen Hälfte der Wand. Ein viel geringerer Angriff in der Nähe der Schlackenzone war das Ergebnis. Die oberen Silicasteinlagen wurden viel rascher angegriffen als die Chromitsteine unten, die oberste Lage der aus Chromit aufgebauten Wand blieb als vorspringende Stufe stehen; ihre innere Kante war natürlich durch das Absplittern und durch den Angriff der von der oberen Silicawand herabtropfenden Schlacke abgerundet.

In manchen Öfen ist es notwendig, die Rückwand öfter als die Vorderwand zu erneuern. Dies kann auf die etwas höheren Temperaturen an der Rückwand und auf die mechanische Abnutzung durch das Einsetzen zurückgeführt werden. Um einen Ofen vollständig zu beschicken, muß eine gewisse Menge der Beschickung mit der Einsetzmaschine so nahe wie möglich an die Rückwand herangebracht werden. Aushöhlungen oder Einschnitte in der Rückwand, hervorgerufen durch scharfe und unregelmäßig geformte Schrottstücke, sind oft unvermeidlich. Derartige Beschädigungen der Rückwand sind von großer Bedeutung in Öfen, die mit länglichem und sperrigem Schrott beschickt werden, hier ist es zweifelhaft, ob eine in der Herstellung kostspielige Rückwand praktisch wäre, selbst wenn sie vom feuerfesten Standpunkt aus besonders überlegen ist.

Im allgemeinen sind die feuerfesten Baustoffe der Seitenwände denselben Temperaturbedingungen unterworfen; auch stehen sie in Berührung mit derselben Art von Ofenatmosphäre wie die Gewölbesteine; sie nutzen sich aber rascher ab, hauptsächlich weil sich hier die beiden Einflußgrößen, stärkerer Schlackenangriff an der Oberfläche und günstigere Bedingungen für das Absplittern, insbesondere in den Vorderwänden, summieren.

11. Die Korrosion der feuerfesten Steine in den absteigenden Zügen und Brennerenden.

Diese Teile der Ofenzustellung, d. h. die Kopfwände, die Brennergewölbe, die absteigenden Züge usw., bilden einen Ofenteil, in dem die Beanspruchung der feuerfesten Baustoffe wesentlich verschieden von der im Herdraum ist. Der Ofen ist so konstruiert, daß das Gewölbe und die Wände des Herdraums soweit wie möglich außer Berührung mit der eigentlichen Flammenzone und dem Strom schnell sich bewegender Feuergase bleiben, welche die Hauptmenge der Flußmitteloxyde fortführen. Diese heißen Gase haben die Neigung, zum Gewölbe aufzusteigen, gleichzeitig werden sie durch Wirbelbildungen an die Seitenwände getrieben, der Hauptgasstrom aber fließt in die Gasaustrittskanäle und absteigenden Züge, ohne mit der Zustellung des Herdraums in Berührung gekommen zu sein. Unter diesen Bedingungen erhalten die Gewölbe- und Wandflächen des Herdraums einen verhältnismäßig geringen Zustrom von Flußmitteln im Vergleich mit den Oberflächen der Kopfwände. Die Temperaturen in diesem Ofenteil sind sehr verschieden, im allgemeinen halten sie sich 38 bis 93° C unter den Temperaturen des Herdraumgewölbes (vgl. Kapitel IV), da sie einigermaßen gegen die direkte Einwirkung der strahlenden Wärme der Flamme geschützt sind. Nur wenn die Flamme einmal lang genug ist, daß sie über den Herd bis in die absteigenden Züge hineinreicht, überschreiten die Temperaturen an den Kopfwänden sogar diejenigen im Gewölbe, diese Erscheinung bildet aber einen Ausnahmefall.

Bei etwas niedrigeren Betriebstemperaturen und stärkerem Zustrom von Flußmitteln sind die Steine in den Kopfwänden und absteigenden Zügen einer intensiveren und rascheren Verschlackung, weniger aber der Gefahr der Überhitzung und des Abschmelzens ausgesetzt als die Gewölbesteine. In den meisten Öfen werden hier Silicasteine verwendet, nur in besonderen Fällen Chromitsteine und metallgefaßte Magnesitsteine.

Tabelle 11 enthält Analysen der Schlacken von der Oberfläche von Kopfwänden und der Schlacke, die in den Schlackenkammern unter den absteigenden Zügen einiger Öfen gesammelt wurde.

Tabelle 11. Analysen von Schlackenablagerungen in den absteigenden Zügen von Siemens-Martin-Öfen.

Material und Ofenteile	Nr.	SiO_2	Fe_2O_3	FeO	Al_2O_3	CaO	MgO	MnO	Gesamt
Schlacke aus dem Luftzug eines basischen Talbot-Ofens	1	60,7	16,5	7,8	3,5	8,4	1,6	0,8	99,3
Tropfen von dem oberen Teil der Kopfwand eines Luftzuges eines Talbot-Ofens	2	44,3	37,0	8,4	1,2	7,7	1,2	1,1	100,9
Schlacke von der Scheidewand in der Schlackentasche d. Luftzuges eines Talbot-Ofens	3	40,1	28,5	9,4	8,8	8,7	3,4	—	98,9
Schlackenablagerung im absteigenden Zuge eines basischen 50 t Ofens	4	45,6	40,5	6,8	4,7	2,9	0,16	0,7	101,4
Über das Mauerwerk herabgeflossene Schlacke im absteigenden Zuge eines sauren 50 t Ofens	5	73,0	19,8	6,0	1,0	1,1	0,2	0,3	101,4

Die wesentlichen Bestandteile sind SiO_2 und Eisenoxyd (vorwiegend Fe_3O_4) bei geringen Mengen Tonerde (der Tonerdegehalt wird hoch, wenn in diesem Ofenteil Schamottesteine verwendet werden), Magnesia, Manganoxyd und je nach der Arbeitsweise schwankendem Gehalt an Kalk. Die Probe vom sauren Ofen hat den niedrigsten Kalkgehalt (1,1 Proz.), dieser Kalk stammt wahrscheinlich ausschließlich aus dem ursprünglich in den Silicasteinen enthaltenen Kalk, der aus den Wänden der Züge herausgelöst worden ist. Die Schlacke im Zuge des basischen 50 t Ofens weist einen etwas höheren Kalkgehalt auf, enthält aber nur 2,9 Proz. von diesem Oxyd. Stückkalk, der wahrscheinlich nicht so leicht verstäubt, dient zur Bildung der Schlacken in diesem Ofen. Außerdem tritt im Schmelzbade kein heftiges Kochen auf. Unter diesen Umständen ist der Kalkanteil in den Flußmittelteilchen, die von den Ofengasen fortgetragen werden, augenscheinlich gering und nicht viel höher als in dem sauren Ofen. Dies wird bestätigt durch Analysen der Ablagerungen in den Kammern desselben Ofens, die einen Kalkgehalt von rd. 2,5 Proz. aufweisen.

Die drei Proben aus einem basischen Talbotofen haben sämtlich einen viel höheren Kalkgehalt (7 bis 9 Proz.). Die Analysen der Ablagerungen in den Kammern dieser Öfen ergaben 8 bis 10 Proz. Kalk. Offenbar nehmen die Gase in diesen Talbotöfen eine große Menge von Kalkteilchen oder vielleicht auch von kalkreicher Schlacke aus dem Schmelzbade auf, was auf eine der beiden oder auch beide nachstehend aufgeführten Ursachen zurückgeführt werden kann: 1. etwas gebrannter Kalk wird in diesen Öfen zur Schlackenbildung aufgegeben, der stärker verstäubt als Stückkalk; 2. der Ofenprozeß bedingt hier die häufige Zugabe von geschmolzenem Roheisen zu einem teilweise oxydierten Stahlbade, wodurch ein heftiges Kochen und Schäumen der flüssigen Schlacke und des flüssigen Stahls hervorgerufen wird. Augenscheinlich ist jedoch in diesem Falle der Kalkstaub die Hauptursache.

Der Kieselsäuregehalt derartiger Schlacken, wie sie in Tabelle 11 aufgeführt sind, ist wahrscheinlich direkt abhängig 1. von Temperaturen an den Köpfen der Brennerrückwände und 2. von der Zeit, während welcher die Flußmittel und Silicawände miteinander unter Sättigung der Schlacke mit Kieselsäure in Berührung stehen. Der höchste Kieselsäuregehalt findet sich in der Schlacke auf der Wand eines absteigenden Zuges in dem kleinen sauren Ofen. Die Wände der Züge in diesem Ofen waren zweifellos der höchsten Temperatur von allen in der Tabelle angeführten Ofenteilen ausgesetzt, weil der Ofenraum sehr kurz war und die Flamme häufig über den ganzen Herd hinwegstrich, so daß sie bis in die Züge an der Austrittsseite hineinreichte.

Die Tabellen 12 und 13 enthalten Analysen der Zonen von gebrauchten Silicasteinen aus den Wänden der Züge eines basischen und eines sauren Siemens-Martin-Ofens. Diese Steine haben fast dasselbe zonale Gefüge und ungefähr dieselbe analytische Zusammensetzung wie die gebrauchten Steine aus dem Gewölbe und den Wänden des Ofenraums mit dem Unterschied, daß die innere graue Zone fast immer fehlt. Dies beruht auf den durchschnittlich niedrigeren Temperaturen und möglicherweise auch auf der schnelleren

Tabelle 12. Analysen von Zonen gebrauchter Steine aus der Wand des Luftzuges eines Talbot-Ofens (Proz.).

Bestandteil	Zone		
	1	2	3
SiO_2	77,4	81,1	92,0
Fe_2O_3	12,2	4,9	0,8
FeO	3,7	3,1	3,8
Al_2O_3	1,0	2,8	1,1
CaO	4,6	6,9	2,3
MgO	0,8	0,7	0,4
MnO	0,55	0,26	0,05
Gesamt	100,3	99,8	100,4
Gesamtbasen . . .	22,9	18,7	8,4

Tabelle 13. Analysen von Zonen gebrauchter Steine aus der Wand des absteigenden Zuges eines sauren Ofens (Proz.).

Bestandteil	Über die Wand heruntergelaufene Schlacke	Zone			
		1	2	3	4
SiO_2	73,0	77,4	75,2	88,8	94,9
Fe_2O_3	19,8	13,6	16,3	2,6	1,0
FeO	6,0	7,4	4,4	2,0	1,2
Al_2O_3	1,0	0,9	1,9	2,6	1,1
CaO	1,1	0,6	3,1	5,9	2,4
MgO	0,2	0,1	Spur	Spur	Spur
MnO	0,31	0,19	0,29	0,09	0,03
Gesamt	101,4	100,2	101,2	102,0	100,6
Gesamtbasen	28,4	22,8	26,0	13,1	5,7
Schmelzpunkt Kegel Nr. .	29	28—29	26	27	30

Korrosion, welche für eine Umkristallisation in der Steinmasse wenig Zeit läßt. Die Enden der Steine in der Nähe des Zuges sind an der Bruchfläche schwarz, dagegen grau bei dem Stein aus dem sauren Ofen, der fast so heiß wie der Gewölbestein wurde. Die inneren Zonen haben einen etwas höheren Flußmittelgehalt als die Gewölbesteine an der Herdseite (vgl. Tabelle 7). Die Schmelztemperaturen (Kegel 29 $\sim$ 1700° C) der geschmolzenen Schlacke auf der Oberfläche der Züge im sauren Ofen weisen ebenfalls darauf hin, daß diese Wand bis zu ungefähr derselben Höchsttemperatur erhitzt wird wie die Gewölbe- und die Wandflächen im Ofenraum.

12. Der Herd des sauren Siemens-Martin-Ofens.

Der neue Silicaherd eines sauren Siemens-Martin-Ofens besteht aus einem Konglomerat von Quarzkörnern mit einem hohen Gehalt an offenen Poren, die durch das schichtweise Zusammenfritten von fast reinem Quarzsand oder von zerkleinertem Quarzit entstanden sind. Auch etwas glasige Grundmasse ist vorhanden; an den Oberflächen der Quarzitkörner fängt der Quarz wahrscheinlich schon an, sich in Tridymit und Cristobalit umzuwandeln. Wenn Stahlschrott und Roheisen auf den Herd gebracht werden und in der oxydierenden Ofenatmosphäre zu schmelzen beginnen, bilden sich Eisenoxyde (vorherrschend FeO, in geringerer Menge Fe_3O_4). Bei der Berührung mit Kieselsäure reagieren diese Oxyde leicht unter Bildung flüssiger Silicate (hauptsächlich von Fayalit, $2\,FeO \cdot SiO_2$), die in den porösen Silicaherd eindringen und die Porenräume zwischen den Quarzkörnern ausfüllen. Bei den hohen Ofentemperaturen und unter dem beschleunigenden Einfluß dieser Flußmittel schreitet die Umwandlung des Quarzes in Tridymit ständig fort und endet schließlich in einer vollständigen Umkristallisation der Oberflächenschichten des Herdes. Im allgemeinen bleiben zwischen den Schmelzungen geringe Mengen Schlacke und Stahl in den Hohlräumen und Vertiefungen des Herdbodens zurück; die Schlacke wird allmählich vom Boden aufgesaugt, sie oxydiert sich und reagiert mit dem Herdmaterial. In den Perioden nach dem Einschmelzen und vor dem Abstich eines Ofens steht mit der Seite des Herdes eine Schlacke von ungefähr folgender Zusammensetzung in Berührung: 54,3 Proz. SiO_2, 1,4 Proz. Fe_2O_3, 32,4 Proz. FeO, 9,0 Proz. MgO, 0,6 Proz. CaO, 3,8 Proz. Al_2O_3.

Zwischen den Schmelzungen werden die Ausfressungen in den Feuerbrücken und im Herdboden mit Sand ausgefüllt, dort zurückbleibende Schlacke wird von dieser Flickmasse aufgesaugt. Auf diese Weise sättigt sich der Herd allmählich mit einer Schlacke aus Eisen- und Mangansilicaten.

Ein Silicastein von dem gebrauchten Herdboden eines sauren Ofens in der Nähe eines Kopfes hatte die folgende Zusammensetzung: 76,7 Proz. SiO_2, 14,7 Proz. Fe_2O_3, 6,2 Proz. FeO, 0,2 Proz. MnO, 1,6 Proz. CaO, 1,5 Proz. Al_2O_3. Dieser Stein war nahe an der Oberfläche in einen Kopf eingebaut gewesen und derartig der Oxydation ausgesetzt, daß der Gehalt an Ferrieisen relativ hoch ist. Der niedrige Mangangehalt besagt, daß nichts von der

Ofenschlacke diesen Endteil des Herdes erreichte. Der Stein nahm durch die Sättigung mit Schlacke ungefähr um 30 Proz. im Gewicht zu und wurde schwarz, homogen und im Bruch blasig.

Whitely und *Hallimond*[52]) haben die Umwandlungen, die in sauren Herden vor sich gehen, sorgfältig untersucht und machen über Proben aus drei gebrauchten Herden folgende Angaben (Tabelle 14):

Tabelle 14. Analysen von gebrauchten Herden aus drei sauren Öfen (Proz.) nach *Whitely* und *Hallimond*.

Bestandteil	Zone		
	1	2	3
SiO_2	67,0	67,2	68,1
Fe_2O_3	7,7	0,3	0,9
FeO	22,9	19,8	23,1
MnO	1,1	6,6	3,9
Al_2O_3	0,3	2,8	2,1
CaO	0,5	2,2	1,1
MgO	0,05	0,04	0,15
TiO_2	0,03	1,2	—
Gesamt	99,58	100,14	99,35

Probe 1 wurde wenige Zoll unterhalb der Oberfläche des Herdbodens entnommen. Unter dem Mikroskop waren in sich verflochtene Nadeln von Tridymit und Cristobalit mit Fayalit und braunem Glas zwischen den Kristallen sichtbar. Die Proben 2 und 3 stammen aus tieferen Schichten des Herdes. Probe 3 ist tief unten aus dem Herd nahe an der Mauerung entnommen; das Kleingefüge zeigte Quarzkörner, die oberflächlich in Tridymit umgewandelt sind, in braunem Glas mit Fayalitkristallen. Eine andere Probe von der Oberfläche einer Wand, die der Ofenatmosphäre ausgesetzt war, zeigte ein hauptsächlich aus Cristobalit bestehendes Kristallgefüge mit einigen Tridymitplättchen. Dazu kamen viele denditrische Magnetitkristalle, stellenweise außerdem Fayalit. *Whitely* und *Hallimond* folgerten deshalb, daß die Anwesenheit von Magnetit auf eine Oxydation an der Herdoberfläche zurückzuführen sei, die hauptsächlich während der Kühlung des Ofens eintrete.

a) Zonales Gefüge im Herdboden.

In einem Schnitt durch einen gebrauchten Herd von der Oberfläche bis in eine Zone unter der Grenze, bis zu der die Schlacke eindringt, ist eine Abstufung des Gefüges zu erkennen, die dem zonalen Gefüge eines gebrauchten Gewölbes sehr ähnlich sieht, wie es bereits in diesem Kapitel beschrieben wurde. Nahe der Herdoberfläche befindet sich eine Zone mit einer Temperatur von ungefähr 1470° C; Tridymit ist hier nicht stabil, sodaß das umkristallisierte Gefüge hauptsächlich Cristobalit enthält. Tiefer im Herdboden liegt eine Zone von verflochtenen Tridymitnadeln. An der Grenze, bis zu der die Schlacke eindringt, findet man eine weniger vollständige Umkristallisation.

Hier sind noch viele nicht umgewandelte Quarzkörner vorhanden, die nach unten an Zahl und Größe zunehmen.

Analysen des Herdbodens zeigen viel weniger Ferrioxyd als gebrauchte Steine aus den Seitenwänden oder aus dem Gewölbe, die im Gebrauch einer oxydierenden Ofenatmosphäre ausgesetzt sind. Während des Ofenbetriebes ist der Herdboden die längste Zeit mit Metall bedeckt (sowohl das Metall selbst als auch das aus ihm sich entwickelnde Kohlenoxydgas wirken reduzierend auf Ferrioxyd), so daß sich die Schlacke beim chemischen Ausgleich mit dem Stahlbade unter schwach reduzierenden Bedingungen bildet und hauptsächlich Ferrooxyd enthält. Zwischen den Schmelzungen und bei der Abkühlung des Ofens wird das Ferrooxyd zum Teil zu Magnetit oxydiert, der scheinbar bei der nächsten Schmelzung durch die Berührung mit dem geschmolzenen kohlenstoffhaltigen Stahl wieder reduziert wird. Freies FeO verbindet sich in Gegenwart von Kieselsäure mit dieser zu Ferrosilicaten (meist Fayalit), die wahrscheinlich bei Temperaturen flüssig sind, die beträchtlich unter den Ofentemperaturen liegen. Wenn Analysen des Herdbodens 20 bis 25 Proz. Ferrooxyd aufweisen, so kann daraus geschlossen werden, daß das Netzwerk von SiO_2-Kristallen imstande ist, der ganzen Masse eine gewisse Standfestigkeit zu verleihen, selbst in Gegenwart eines hohen Anteils an flüssigen Silicaten zwischen den Kristallen. Ein Herdboden, der nicht mehr als 67 Proz. Kieselsäure enthält, wird bei normalen Ofentemperaturen mehr oder weniger widerstandsfähig bleiben, während eine Schlacke mit 55 Proz. Kieselsäure unter den gleichen Bedingungen völlig dünnflüssig ist. Dies mag der Grund dafür sein, daß für den Aufbau und das Flicken eines sauren Herdes notwendigerweise sehr reiner Sand benutzt wird. Wenn ein neuer Herdboden gleich zu Anfang unter der erschwerenden Bedingung eines hohen Flußmittelgehaltes in Betrieb genommen werden müßte, so würde er sich mit der Zeit mit Schlacke aus dem Schmelzbade sättigen und wahrscheinlich flüssig genug werden, um an die Oberfläche des Schmelzbades zu treiben.

Wenn viel Fe_2O_3 in einer Silicatschmelze gebildet wird, so neigt es scheinbar bei Abwesenheit von größeren Mengen von CaO, Al_2O_3 usw. dazu, sich mit FeO zu verbinden und bei der Abkühlung als besondere Phase in Form von Magnetitkristallen auszuscheiden.

b) Reaktionen an der Schlackenzone.

Bei jeder Schmelzung in einem sauren Ofen werden die Wände an der Schlackenzone in gewissem Umfange korrodiert. Die Schlacke besteht hauptsächlich aus Eisen- und Mangansilicaten und außerdem aus dem zeitweise zur Erhöhung der Dünnflüssigkeit zugefügten Kalk. Die Anwesenheit von Eisenoxyd und der flüssige bewegliche Zustand der Schlacke sind notwendig, um die Reaktionen mit dem Stahl und der Ofenatmosphäre zu ermöglichen, welche den Kohlenstoff, das Mangan und das Silicium aus dem Schmelzbade herausoxydieren .Dieselben Bedingungen verursachen jedoch die Aufnahme von Kieselsäure durch die Schlacke dort, wo sie mit den Wänden in Berührung kommt, mit dem Erfolg, daß die Viscosität der Schlacke allmählich zunimmt bis zu einem Punkt, wo derartige Reaktionen sehr langsam verlaufen.

So ist es wahrscheinlich, daß die Korrosion der Wände an der Schlackenzone eine unvermeidliche Folge wichtiger und notwendiger Vorgänge beim sauren Ofenprozeß ist. Die Reaktion kann wahrscheinlich dadurch verlangsamt werden, daß man die Erzzuschläge auf dem in jeder Periode des Stahlschmelzprozesses notwendigen Minimum hält. Eine gewisse Korrosion des Herdbodens tritt auch durch die Reaktion mit dem aus dem schmelzenden Stahl während der Einschmelzperiode gebildeten Oxyd ein. Diese Wirkung wird vermindert durch das Einsetzen von Roheisen an Stelle von Stahlschrott direkt auf die Oberfläche des Herdbodens. Da das Roheisen einen niedrigeren Schmelzpunkt und einen höheren Kohlenstoffgehalt hat, schmilzt es schneller zusammen und bildet weniger korrodierendes Oxyd.

13. Der Herd des basischen Siemens-Martin-Ofens.

In der Regel bildet eine Mischung von gekörntem Magnesit mit 5 bis 15 Proz. basischer Schlacke das Material für den Aufbau des basischen Herdes. Er wird in Schichten aufgebaut, wobei jede Lage vollständig zu einer mehr oder weniger homogenen Masse verschmolzen wird, ehe die nächste Lage aufgetragen wird. Durch diese Bearbeitung, der ein oberflächliches Überziehen mit sehr heißer und dünnflüssiger basischer Schlacke folgt, erhält der Boden ein kompliziertes mineralogisches Gefüge, in dem die Mineralien Periklas und Magnesioferrit vorherrschen. Infolge der zerstörenden Wirkung des Schmelzbades auf das Herdmaterial ergibt sich die Notwendigkeit, die Feuerbrücken nach jeder Schmelzung auszuflicken. Das gewöhnlich für diesen Zweck gebrauchte Material ist Dolomit, und zwar entweder in rohem, gebranntem oder sintergebranntem Zustande. Die Umstände, die die Wahl dieser Materialien bestimmen, sind noch nicht einwandfrei geklärt, jedes Werk benutzt das Material, das ihm die besten Dienste zu leisten scheint.

Eine ins Einzelne gehende Untersuchung der chemischen und petrographischen Umwandlungen, die während des Betriebes im basischen Herd auftreten, wird zur Zeit durch das Bureau of Mines ausgeführt. Augenblicklich besitzen wir noch zu wenig Daten, um daraus sichere Schlüsse über diesen Gegenstand ziehen zu können.

14. Die Gittersteine in den Kammern.

Im Herdraum des Siemens-Martin-Ofens herrschen Temperaturen (vgl. Kapitel IV) von 1550 bis 1650° C. In den Zügen und an den Brennerenden liegen die Höchsttemperaturen gewöhnlich niedriger, und zwar bei 1430 bis 1540° C; diese Werte schwanken aber beträchtlich. Die genannten Temperaturen sind gerade hoch genug zur Bildung einer Schlacke zwischen dem Oxydflugstaub und dem Silica- oder Schamottemauerwerk, die normalerweise ziemlich zähflüssig, aber doch weich genug ist, um langsam zu fließen und sich als Sumpf am Boden der Schlackenkammer zu sammeln. Das Ergebnis ist eine örtliche Verschlackung. Zwischen den Zügen und den Kammern kühlen sich die abziehenden Gase ständig ab, so daß die Höchsttemperaturen oben am Gitterwerk gewöhnlich nicht höher als 1260 bis 1370 ° C, oft noch niedriger liegen. Im Betriebe sammelt sich auf dem Gitterwerk langsam eine Schicht aus feinverteilten basischen Oxyden aus den Abgasen. Bei niedrigen Temperaturen sind diese Ablagerungen ein feines, lockeres Pulver. Mit steigender Temperatur werden allmählich Hitzegrade erreicht, bei denen die abgelagerten Teilchen zunächst schwach sintern, dann weich werden, zu einer harten zusammenhängenden Kruste zusammenbacken und schließlich so weit schmelzen, daß sie mit der Steinsubstanz reagieren und eine starke Verschlackung und Korrosion der Gittersteine verursachen. Diese Temperaturhöhe muß in den Kammern verschiedener Stahlwerke und Öfen gleich sein, weil man in den zwecks Reparatur abgekühlten Kammern tatsächlich auf verschiedenen Werken dieselbe oben gekennzeichnete Art von Flugstaubablagerungen auf den oberen Schichten des Gitterwerks vorfand.

In der Regel ist in der Luftkammer eines abgekühlten Ofens die Flugstaubablagerung zum Teil als Kruste auf dem Gitterwerk zusammengesintert, sie hängt nur lose mit der Oberfläche des Gitterwerks zusammen. Der Staub hat nicht merklich mit den Steinen reagiert, ausgenommen, wenn ausreichende Mengen eisenreicher Flußmittel vorhanden waren, um die Grundmasse der Steine bis zu einer Tiefe von 3 bis 12 mm schwarz zu färben. Die obersten zwei oder drei Steinlagen waren in einigen Fällen zum Teil weggefressen (vgl. die Ausführungen im Kapitel I). Ein Fall sehr starker Überhitzung einer Kammer wurde in einem basischen 50 t Ofen älterer Bauart beobachtet, dessen Kammern unter dem Ofen lagen. Man hatte zweitklassige Silicasteine für diese Kammern benutzt. Bei der Untersuchung der abgekühlten Kammer wurde ein tiefes Loch festgestellt, das in der Mitte der obersten Steinlagen herausgefressen war. Einige Steinschichten in den mittleren Teilen waren in einer Ausdehnung von einigen Quadratfuß vollständig zerstört worden, das gesamte Mauerwerk der Kammer wies starke Korrosionserscheinungen auf.

Die korrodierten Steine waren im Bruch schwarz und mit Flußmitteln gesättigt und hatten eine glatte schwarze, glänzende Oberfläche. Einige Tropfen von der unteren Fläche der Steine hatten die folgende Zusammensetzung: 62,5 Proz. SiO_2, 22,5 Proz. Fe_2O_3, 9,6 Proz. FeO, 2,0 Proz. Al_2O_3, 2,4 Proz. CaO, 0,5 Proz. MgO, 0,3 Proz. MnO. Der Flugstaub auf den angegriffenen Steinen bestand vornehmlich aus Eisenoxyden bei geringen Mengen MgO, CaO und MnO. Die gesamten Eisenoxyde entsprechen in der Zusammensetzung annähernd der Formel Fe_3O_4. Diese Kammern waren wohl bis etwas über 1430 ° C erhitzt worden. In einem ähnlichen Ofen wurden im Gitterwerk Höchsttemperaturen von 1340 ° C gemessen; hier traten keine Schmelzerscheinungen zwischen der Flugstaubablagerung und den Silicasteinen auf.

a) Beschaffenheit des Gitterwerks und der Ablagerungen in
den Gas- und Luftkammern.

In der Regel besteht ein merklicher Unterschied in der Beschaffenheit von Gitterwerk und Ablagerungen in den Gas- und in den Luftkammern. Das

Gitterwerk in den Luftkammern findet man mit Ausnahme solcher Fälle, in denen die Kammer überhitzt worden war, mit einer mehr oder weniger schwachgesinterten Ablagerung bedeckt, die nur oberflächlich mit den Steinen reagiert und sie in der Hauptmasse unverändert gelassen hat. In der Regel bleibt in den Gaskammern der gesamte oder wenigstens der größte Teil der Flugstaubablagerungen nicht auf der Oberfläche liegen, sondern reagiert mit dem Stein unter Bildung einer flüssigen Phase, die von den Poren der Steinmasse aufgesaugt wird. In zwei Kammern, die nebeneinander in demselben Ofen liegen, sind die Steine der Gaskammer verhältnismäßig glatt an der Oberfläche oder nur mit einer dünnen Schicht Staub bedeckt; die Zwischenräume zwischen den Steinen sind ziemlich sauber, während in den Luftkammern die Steine eine dicke Kruste von schwarzem Oxyd haben, das jedoch nicht merklich mit den Steinen reagiert hat. In der Regel werden die Zwischenräume in den Luftkammern um 40 bis 75 Proz. des Durchgangsquerschnitts verringert. Diese Unterschiede werden deutlich durch Fig. 24 illustriert, in der zwei gebrauchte Steine durchgeschlagen zur Darstellung ihrer Bruchfläche dargestellt sind. Der Stein aus der Gaskammer ist mit einem eisenreichen, aus den Flugstaubablagerungen gebildeten Schmelzfluß durchtränkt.

Der einzige wesentliche Unterschied zwischen den Gas- und Luftkammern besteht darin, daß in den letzteren die Gase immer oxydierend sind, während die ersteren Gase enthalten, die auf die Eisenoxyde in den Perioden der Gasvorwärmung reduzierend einwirken. Ein Teil des Fe_3O_4 in den Flugstaubablagerungen der Gaskammern wird zu FeO reduziert; in den Luftkammern verhindert die oxydierende Atmosphäre jede Reduktion unter die Stufe des Fe_3O_4. Viele Beobachtungen (vgl. die Ausführungen im folgenden Abschnitt) beweisen, daß FeO viel leichter mit Kieselsäure reagiert als Fe_3O_4.

Wenn ein Ofen zur Reparatur abgekühlt wird, so tritt Luft in die Gaskammern sowie in die Luftkammern ein, und FeO ebenso wie Fe_3O_4, die beide in den porösen Ablagerungen an der Oberfläche enthalten sind, werden zu Fe_2O_3 oxydiert. Dementsprechend geben die Analysen des Flugstaubs aus den Gaskammern ebenso wie aus den Luftkammern das Eisenoxyd hauptsächlich als Fe_2O_3 an. Tabelle 15 enthält Vergleichsanalysen von Proben, die aus einem basischen Talbot-Ofen entnommen wurden.

Tabelle 15.

Analysen von Ablagerungen aus den Kammern eines Talbot-Ofens (Proz.).

Bestandteil	Gaskammern	Luftkammern
SiO_2	13,1	6,4
Fe_2O_3	69,4	68,7
FeO	2,8	1,5
Al_2O_3	7,1	2,0
CaO	7,2	11,1
MgO	2,6	1,6
MnO	1,5	1,6

Das Ferrooxyd, das mit dem Gitterwerk der Gaskammer reagiert, bildet flüssige Silicate, die in den Stein eindringen und beim Abkühlen des Ofens nicht wieder oxydiert werden, wie dies aus dem Gehalt von 2,1 Proz. Fe_2O_3 und 4,2 Proz. FeO im mittleren Teil des in Fig. 24 dargestellten Steins aus

Fig. 24. Verschiedenes Aussehen von Gittersteinen.
A. aus der Luftkammer; B. aus der Gaskammer.

der Gaskammer hervorgeht. FeO ist in großem Überschuß über das für Fe_3O_4 erforderliche Verhältnis vorhanden.

Whitely und *Hallimond*[51] haben dieselben Verhältnisse im Gitterwerk von Gas- und Luftkammern von sauren Öfen beobachtet. Tabelle 16 enthält ihre Analysen, die mit denen in Tabelle 15 zu vergleichen sind.

Tabelle 16. Analysen von Ablagerungen in Luft- und Gaskammern (Proz.)
nach *Whitely* und *Hallimond*.

Bestandteil	Flugstaub aus der		Stein aus der	
	Luftkammer	Gaskammer	Luftkammer	Gaskammer
SiO_2	3,0	4,1	71,8	71,6
Fe_2O_3	95,9	94,1	26,1	3,7
FeO	—	—	0,3	22,9
Al_2O_3	0,4	0,45	—	—
MnO	0,4	0,35	—	—
CaO	0,05	0,4	—	—

15. Einwirkung von Ferrooxyd auf Silica- und Schamottesteine.

Das feinverteilte Eisenoxyd in der Ofenatmosphäre kann in der Form von Fe_2O_3, Fe_3O_4 oder FeO vorliegen. Die Oxydationsstufe ist von der Temperatur und der herrschenden Ofenatmosphäre abhängig. In oxydierender Atmosphäre und unter $1100°C$ ist Fe_2O_3 stabil. Über $1100°C$ beginnt es Sauerstoff abzugeben, und bei ungefähr $1400°C$ und darüber ist der Sauerstoffdruck so groß, daß das gesamte Fe_2O_3 in Fe_3O_4 umgewandelt wird, d. h. in die bei den Temperaturen und oxydierenden Bedingungen des Herdraums des Siemens-Martin-Ofens annähernd stabile Form. Dies beweist der Umstand, daß in den oben angeführten Analysen von Schlacken und gebrauchten Steinen immer FeO und Fe_2O_3 anwesend sind und das Mengenverhältnis $Fe_2O_3 : FeO$ in den meisten Fällen in ungefährer Annäherung dem Magnetit (Fe_3O_4) entspricht. In den Kammern wird der dort abgelagerte Flugstaub hauptsächlich Fe_3O_4 mit etwas Fe_2O_3 enthalten, ersteres wird aber zu Fe_2O_3 oxydiert, wenn bei der langsamen Abkühlung des Ofens Temperaturen unter $1100°C$ erreicht werden. In den Kanälen und im Schornstein wird der Staub wahrscheinlich als Fe_2O_3 abgesetzt. Unter den reduzierenden Bedingungen der Gaskammern wird Fe_3O_4 in Gegenwart von heißem Generatorgas weiter zu FeO reduziert, in manchen Fällen sogar möglicherweise zu metallischem Eisen.

Der oben beschriebene Zustand der Gas- und Luftkammern beweist, daß FeO mit Kieselsäure oder Ton rascher und bei niedrigeren Temperaturen reagiert als Fe_3O_4. Dies wird durch die nachstehend mitgeteilten Beobachtungen bestätigt.

1. Beim Abbruch der Brennerenden eines 50 t Ofens nach einer Ofenreise von 125 Tagen wurde ein eigentümliches Loch in der Mitte der Scheidewand zwischen den beiden Luftzügen direkt unter dem Ölbrenner bemerkt. Ein senkrechtes Loch von ungefähr 5 cm Durchmesser und 60 cm Tiefe hatte sich in der massiven Silicawand gebildet. Auf dem Boden lag ein zylindrisches Stück schwarzer Schlacke, das die folgende Zusammensetzung hatte: 6,7 Proz. SiO_2, 70,7 Proz. Fe_2O_3, 9,8 Proz. FeO, 3,7 Proz. Al_2O_3, 1,8 Proz. CaO, 1,0 Proz. MnO. Diese Schlacke bestand hauptsächlich aus Fe_2O_3 und enthielt überraschenderweise nur wenig SiO_2 und FeO. Eine mutmaßliche Erklärung hierfür wäre etwa die, daß während des Betriebes von dem Brenner Öl auf diese Stelle der Scheidewand getropft ist. Dieses Öl zersetzte sich, ließ etwas Kohlenstoff zurück und reduzierte einen Teil des Fe_3O_4 in der Flugstaubablagerung zu FeO. Letzteres bildete durch die Vereinigung mit Kieselsäure ein dünnflüssiges Silicat, welches von den Poren der Silicasteine eingesaugt wurde und dann eine kleine Höhlung hinterließ, die sich allmählich unter fortgesetzter Ablagerung von Flugstaub und Öl aus dem Brenner in die Wand hineinfraß. Die zurückbleibende Schlacke ist verhältnismäßig niedrig im FeO- und SiO_2-Gehalt infolge der leichten Reaktion der Kieselsäure mit dem FeO und der Dünnflüssigkeit des Ferrosilicats, die ein Eindringen desselben in die Steinmasse zur Folge hat. Dies scheint die einzige plausible Erklärung für die eigentümliche örtliche Korrosion zu sein.

2. In einigen basischen 60 t Öfen eines anderen Stahlwerks wurde Teer als Brennstoff gebraucht, und zwar mit einem wassergekühlten Brenner, der wenige Zoll aus der Scheidewand zwischen den Zügen herausragte. Der Teer tropfte häufig auf diese Wand, zersetzte sich und hinterließ eine Ablagerung von Kohlenstoff unter dem Brenner. In einem gerade ausgebesserten Ofen wurde beobachtet, daß der obere Teil dieser Scheidewand viel stärker durch Flußmitteleinwirkung weggefressen war als sonst ein anderer Teil der Wände in der Nähe des Brennerendes. Die selbstverständliche Schlußfolgerung war, daß hier durch die Reduktion des Eisenoxydflugstaubs durch den Kohlenstoff aus dem abtropfenden Teer ausschließlich FeO gebildet wurde.

3. *Le Chatelier* und *Bogitch*[34]) erhitzten einen Silicastein in reduzierender Atmosphäre auf 1200° C mit einem kleinen Kegel aus Ferrioxyd, der auf den Stein gestellt war; nach der Abkühlung fanden sie eine Vertiefung in dem Stein von ungefähr demselben Volumen, das der ursprüngliche Kegel aus Oxyd besessen hatte. Das gebildete Ferrosilicat war in die Steinmasse hineindiffundiert. Derselbe Versuch in oxydierender Atmosphäre ergab praktisch kein Eindringen des Oxyds, selbst bei der Erhitzung des Steins auf 1400° C. Der Kegel blieb unversehrt auf der Oberfläche des Steins stehen. Sie fanden, daß ein Stück metallisches Eisen, das auf dieselbe Weise auf der Außenfläche eines Steins erhitzt wurde, sowohl in reduzierender wie in oxydierender Atmosphäre eine tiefe Ausfressung erzeugte, wahrscheinlich infolge des Umstandes, daß bei der Oxydation des Eisens zuerst Ferrooxyd gebildet wurde, das sich mit der Kieselsäure verband, ehe es weiter zu Fe_3O_4 oxydiert werden konnte.

Es besteht ein starkes Bedürfnis nach eingehenderer Kenntnis der Gleichgewichtszustände zwischen FeO, Fe_3O_4 und SiO_2 bei hohen Temperaturen und des Einflusses von wechselnden Mengen CaO und MgO auf dieses System. Die Bildungstemperaturen, Schmelzpunkte und die Viscosität bei hohen Temperaturen usw. verschiedener Mischungen aus diesen Oxyden würden, wenn sie bekannt wären, eine viel genauere Kenntnis der Vorgänge im Siemens-Martin-Ofen ermöglichen, als dies zur Zeit ohne diese Daten möglich ist.

IV. Einige Angaben
über die Temperaturverteilung und den Wärmefluß in der Zustellung von Siemens-Martin-Öfen*).

Über die Temperaturen und den Wärmefluß im Siemens-Martin-Ofen sind bereits umfangreiche Studien gemacht worden. Die in diesem Kapitel angeführten Ergebnisse beschränken sich auf die Verhältnisse, die von besonderer Wichtigkeit für die Lebensdauer der feuerfesten Baustoffe sind; sie umfassen:

1. Die für genaue Temperaturmessungen in den Wänden und an der Herdseite des Siemens-Martin-Ofens notwendigen Apparate und Meßverfahren.

2. Die Temperaturverteilung an den Wänden und im Gewölbe und ihre Änderung während des Stahlschmelzprozesses.

3. Die Temperaturverteilung auf der Herdseite, in der Schlacke, in den Kammern usw.

4. Die Temperaturen, bei denen Überhitzung, Verbrennen oder Schmelzen an der Herdseite der Silicawände eintritt.

5. Die Erscheinung des Wärmeüberganges zwischen Flamme, Schlacke, Gewölbe usw. und des Wärmeflusses durch die Wände.

1. Das Temperaturgefälle im Gewölbe und in den Wänden.

Das Temperaturgefälle in den Wänden wurde in einigen Ofengewölben, in einer Rückwand und in einer Kopfwand schon beim Aufbau des Ofens mit in das Mauerwerk gelegten Thermoelementen gemessen. Durch Extrapolieren der Temperaturkurven wurden die Temperaturen der Herdseite dieser Wände ermittelt; die Zahlen wurden mit den Temperaturen in Vergleich gestellt, die an denselben Oberflächen mit einem optischen Pyrometer bestimmt worden waren. Dieser Vergleich lieferte einen Anhalt für die Richtigkeit der optischen Messungen im Herdraum. Zunächst sollen die Ergebnisse der Messungen über das Temperaturgefälle erörtert werden, dann die Fehlerquellen bei den optischen Messungen und schließlich Temperaturverteilung, Wärmefluß usw. selbst.

---

*) Experimentelle Untersuchung von *B. M. Larsen*, Assistant Metallurgist, Bureau of Mines, und *J. W. Campbell*, Research Fellow, Carnegie Institute of Technology.

a) Vorversuche über das Temperaturgefälle.

aa) Fehler bei der Messung des Temperaturgefälles.

Da man an dem Gewölbe eines Siemens-Martin-Ofens während des Ofenbetriebes nur schlecht Änderungen vornehmen kann, besteht der einzige praktische Weg, um das Temperaturgefälle zu bekommen, darin, daß man in einige Gewölbesteine Thermoelemente in verschiedener Tiefe schon bei der Zustellung des Ofens einsetzt und mit den Thermoelementen die Temperaturen an diesen Stellen der Steine beim Anwärmen und bei den ersten Stahlschmelzungen mißt. Die Oberflächentemperaturen an der Herdseite des Gewölbes betragen etwa 1550 bis 1600° C, an der Außenfläche des Gewölbes an 300° C. Bei Chromel-Alumel-Thermoelementen*) liegt die Gebrauchsgrenze bei ungefähr 1400° C, sie können in den äußeren Gewölbeschichten benutzt werden. Die Temperaturen der inneren Schichten konnten nur mit Platin-Platin-Rhodiumthermoelementen gemessen werden.

Beim ersten Versuch wurden vier Elemente in verschiedener Tiefe in das 34 cm starke Gewölbe eines basischen kippbaren Talbot-Ofens von 350 t Fassungsvermögen eingesetzt. Das Gewölbe war wechselweise aus Bögen von 34 und 46 cm Stärke zusammengesetzt, die Elemente wurden in je vier 34 cm starke Steine eingelegt. Die Steine waren dicht nebeneinander an einer eng begrenzten Stelle des Gewölbes ungefähr 90 cm von der Rückwand entfernt, in der Nähe der Gewölbemitte und über dem Abstichloch eingebaut. Dauermessungen haben gezeigt, daß das Gewölbe gewöhnlich über seine ganze Oberfläche hin ziemlich gleichmäßig heiß wird, jedoch dürfte dieser Teil auf jeden Fall ebenso heiß, wenn nicht sogar heißer sein als die anderen Teile des Gewölbes. Bei diesem Versuch wurden Löcher von 10 mm Durchmesser bis zu den gewünschten Tiefen von außen her unmittelbar in die Steine gebohrt; die Drähte der Thermoelemente wurden, voneinander isoliert, mit einem Kitt von gemahlenem Quarzit und Wasserglas eingesetzt, wobei die Drähte um einige Zoll Länge über die Außenseite des Gewölbes hervorragten. Nachdem das Gewölbe zugestellt worden war, wurden Kompensationsleitungen von diesen Drähten zu einem Mehrfachschalter, der sich an einem Rückwandpfeiler befand, gelegt; hier befanden sich die kalten Enden der Thermoelemente. Die Temperaturen an dieser Stelle wurden mit einem Thermometer gemessen, die Enden der Kompensationsleitungen wurden mit einem transportablen Potentiometer verbunden, um die an den Lötstellen im Gewölbe erzeugte EMK zu messen.

Die Thermoelemente lieferten genaue Messungen in den ersten 5 Tagen der Ofenreise, danach fingen sie, beginnend mit Nr. 1, an, Fehlweisungen zu zeigen. Einige Fehlerquellen, die bei diesem Versuch zutage traten, sollen im folgenden besprochen werden.

1. Die Thermoelemente wurden senkrecht zur inneren Gewölbefläche und dementsprechend senkrecht zu den Schichten gleicher Temperatur im Gewölbe

---

*) Chromel: 89 Proz. Ni; 9,8 Proz. Cr; 1,0 Proz. Fe; 0,2 Proz. Mn. — Alumel: 94 Proz. Ni; 2 Proz. Al; 1 Proz. Si; 0,5 Proz. Fe; 2,5 Proz. Mn. (Der Übersetzer.)

eingebaut, so daß nur das äußerste Ende der Drähte in der Temperaturstufe lag, die gemessen werden sollte. Da die Metalldrähte des Thermoelementes die Wärme viel besser leiteten als das Material der Umgebung, floß Wärme an den Drähten bis in kühlere Teile des Gewölbes ab, deswegen war die heiße Lötstelle kälter als die mit ihr in Berührung stehende Steinmasse. Dies bestätigte ein Laboratoriumsversuch, bei dem zwei Platinelemente mit ihren Lötstellen an derselben Stelle ungefähr 5 mm von der Endfläche des Steins eingesetzt wurden. Ein Element wurde in eine Bohrung, die parallel den Längskanten des Steins verlief, eingesetzt, das andere Element in ein Loch, das nach demselben Punkt parallel der schmalen Endfläche des Steins gebohrt war. Der Stein wurde in die Wand eines elektrischen Muffelofens eingebaut und von der Endfläche her erhitzt. Bei Element Nr. 1 lag nur seine Lötstelle in derselben Ebene gleicher Temperatur. Von Element Nr. 2 befanden

sich 8 cm seiner Drahtlänge, von der Lötstelle aus gerechnet, in dieser Ebene, d. h. bei gleich hoher Temperatur wie die Lötstelle, so daß jede Wärmeableitung von dieser Lötstelle längs der Drähte vermieden wurde. Die beiden Lötstellen wurden langsam auf 980° C erhitzt und 1 Stunde auf dieser Temperatur gehalten. Element Nr. 2 gab ständig höhere Ablesungen, die Differenz stieg von 0° bei Raumtemperatur auf 22° bei 310° C und blieb konstant auf diesem Wert bis 980° C. Nach einer Stunde

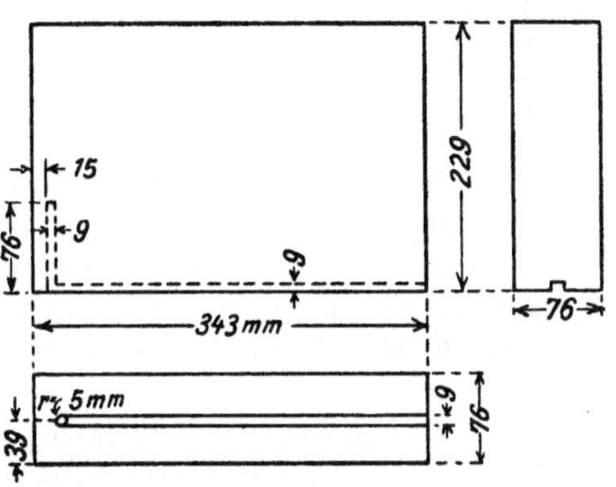

Fig. 25. Anordnung der Bohrungen für Thermoelemente im Gewölbestein. (Maße in mm.)

zeigte Element Nr. 1 bei der Höchsttemperatur 950° C und Element Nr. 2 980° C.

2. Zur Verbindung der kalten Enden der Platinelemente auf dem Gewölbe mit dem Schalter auf der Rückwand dienten Kompensationsleitungen. Die Raumtemperatur über dem Gewölbe betrug ungefähr 150° C. Laboratoriumsversuche ergaben, daß die Kompensationsleitungen bei dieser Temperatur der Verbindungsstelle zwischen Kompensationsleitungsdrähten und Platindrähten die Temperatur dieser gleichsam zweiten Lötstelle nicht vollständig kompensierten, so daß sich am Instrument eine um etwa 11° C niedrigere Temperatur ergab, als die wirkliche Temperatur der heißen Lötstelle betrug.

Diese zwei Fehler sind beide negativ und bedeuten, daß der wirkliche Temperaturabfall beim ersten Versuch um ungefähr 33° C kleiner war. Der Versuch wurde im Gewölbe eines anderen basischen Talbot-Ofens in derselben Ausführungsform wiederholt. Der Leitungsfehler wurde bei diesem Versuch in der Weise ausgeschaltet, daß die Thermoelemente, wie in Fig. 25 dargestellt, eingesetzt wurden, so daß ihre Drähte auf eine Länge von 9 cm in derselben Ebene gleicher Temperatur lagen. Kompensationsleitungen für die

Platinelemente wurden bei diesem Versuch ebenfalls benutzt, die negative Abweichung von 11° C konnte nach eigenem Ermessen berücksichtigt werden. Die Platinelemente wurden vor dem Versuch mit Elementen des Bureau of Standards geeicht. (Die Chromel-Alumel-Thermoelemente sind in oxydierender Atmosphäre sehr konstant in der Anzeige.) Für ihre Verlängerung wurden biegsame Leitungen aus Chromel-Alumel benutzt.

Vier Thermoelemente wurden nun an einer Stelle in der Nähe der Gewölbemitte, ungefähr 1,2 m von der Rückwand entfernt, nach folgendem Plan eingesetzt:

Anordnung der Thermoelemente im Gewölbe.

Nr.	Entfernung der heißen Lötstelle von der inneren Gewölbeoberfläche, mm	Art des Elements
1.	15	Platin + Platin 10 Proz. Rhodium
2.	96	Desgl.
3.	177	Chromel-Alumel
4.	256	Desgl.

In Fig. 26 sind die Temperaturen in diesen Ebenen des Gewölbes während der Anwärmeperiode und der ersten beiden Schmelzungen des Ofens angegeben. Platinelement Nr. 1 versagte ungefähr 4 Tage, nachdem das Holzfeuer auf dem Ofenherde entzündet worden war, und nach einer Erhitzungsdauer von 35 bis 40 Stunden auf über 1500° C.

bb) Temperaturschwankungen in den inneren Zonen
der Gewölbezustellung.

Eine bemerkenswerte Eigentümlichkeit dieser Kurven sind die großen Temperaturschwankungen in den inneren Zonen der Gewölbezustellung, besonders zur Zeit des Herdflickens und der Schrottaufgabe. Die Einsatztüren sind während dieser Perioden die meiste Zeit offen; die Abstrahlung aus den Türöffnungen sowie das Einströmen kalter Luft in den Schmelzraum verursachen eine rasche Abkühlung der Innenwände. Eine rasche Abkühlung tritt ferner besonders direkt nach dem Abstich jeder Schmelze ein, wenn mehrere Türen zur Reparatur der Wände weit geöffnet sind und das Gas 20 bis 25 Minuten lang abgestellt ist. Die Kurven der Fig. 26 zeigen, daß in den Pausen zwischen den Schmelzungen die innere Gewölbeoberfläche viel kühler war als die mittleren Zonen der Gewölbezustellung.

Diese kalten und heißen „Wellen" durchdringen das Gewölbe ziemlich langsam, sie klingen ab, ehe sie die äußere Gewölbeoberfläche erreichen. (Man vergleiche die Kurven des Elements Nr. 4 mit denen des Elements Nr. 1 in Fig. 26.) Die Temperaturänderungen im Verlaufe einer Periode von 3 bis 4 Stunden haben fast keinen Einfluß auf die Temperaturen im Inneren der Zustellung, 18 bis 20 cm von der Herdseite entfernt. Die Temperatur der Herdseite fällt zwischen den Schmelzungen um 556° C, die normale Temperatur wird erst 5 bis 6 Stunden später wieder erreicht. Selbst diese langsame Welle

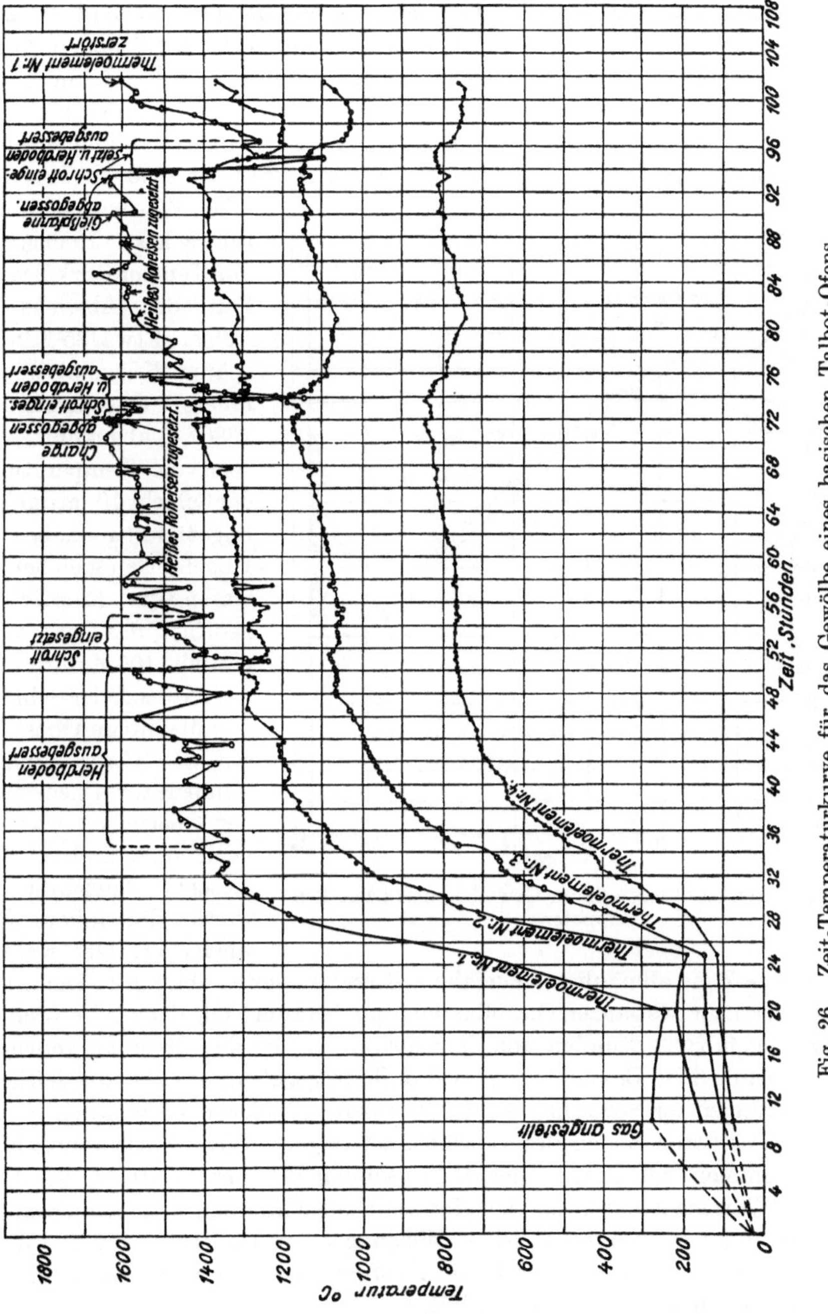

Fig. 26. Zeit-Temperaturkurve für das Gewölbe eines basischen Talbot-Ofens.

der Kühlung verursacht einen Temperaturabfall von nur 56 bis 83° C im äußeren Gewölbeteil. Die zeitliche Verzögerung des Hindurchdringens dieser Abkühlungswellen durch das Gewölbe ist sehr groß. Die Steinschicht 7,5 bis 10 cm unter der Oberfläche fängt erst 15 bis 25 Minuten später an, kälter zu werden, als die Abkühlung an der Herdseite beginnt, während die entsprechende Verzögerung zwischen den Innen- und Außenzonen offenbar 1 bis 2 Stunden dauert.

Fig. 27 zeigt eine Schar aus Fig. 26 abgeleiteter Temperaturkurven des Gewölbes zu verschiedenen Zeiten nach dem Abstich der ersten Charge. Das Gewölbe wurde gegen das Ende dieser Schmelzung überhitzt und erreichte eine Höchsttemperatur an der Oberfläche von etwas über 1650° C (Kurve 1).

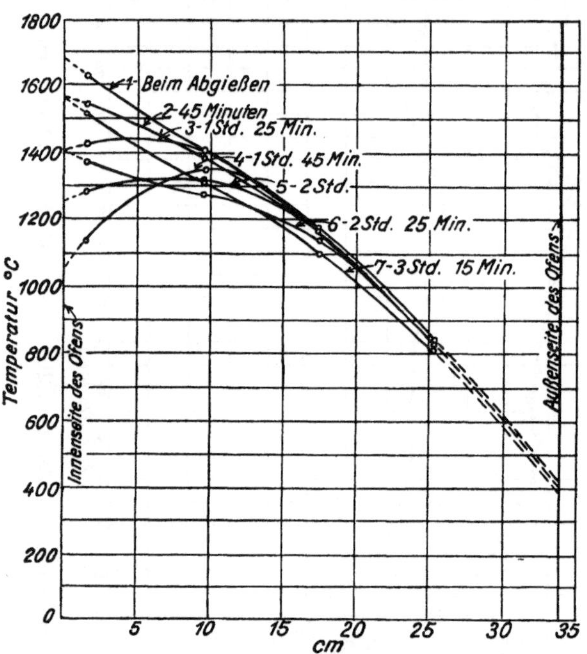

Fig. 27. Temperaturgefälle im Gewölbe eines basischen Kippofens.

Diese Wärmewelle hat ein schwaches Hochsteigen der Temperaturkurve zur Zeit des Abstichs zur Folge. Etwa 85 Minuten später (Kurve 3) war die innere Oberfläche auf 1380° C abgekühlt, während die Temperatur in der Schicht 10 cm dahinter ungeändert geblieben war. Ungefähr zu gleicher Zeit waren die Einsatztüren geöffnet, das Gas war abgestellt; 105 Minuten nach dem Abstich der Schmelze war die innere Oberfläche auf 1040° C abgekühlt, die Temperatur 14 cm hinter der Oberfläche war aber noch unverändert. Von diesem Zeitpunkt an wurde die innere Zone wieder erhitzt, während die äußere Zone allmählich ungefähr 8 Stunden weiter abkühlte. Dann stieg die Temperatur des ganzen Gewölbes langsam bis zum Ende der zweiten Schmelzung, ungefähr 22 Stunden von dem ersten Abstich des Ofens an gerechnet. Diese ausführliche Beschreibung wird deshalb gegeben, um klar die zeitlichen Verzögerungen im Fortschreiten der Temperaturänderungen von den inneren nach den äußeren Zonen des Gewölbes zu zeigen. Diese Erscheinung hängt eng zusammen mit Fragen der Beherrschung der Temperaturen der Ofenwände (Wärmeaustausch an der Herdseite oder Kühlung der Wände an der Außenseite), der voraussichtlichen Wirkung einer Isolierung auf die Wandtemperaturen usw. (vgl. hierzu die Ausführungen über die Isolierung von Siemens-Martin-Öfen im Kapitel VI).

cc) Die Wirkung von Überhitzungen.

Die Köpfe der Gewölbesteine an der Herdseite kühlen zwischen den Schmelzungen sehr rasch ab, wobei die höchsten Temperaturen zu bestimmten

Zeiten in der Mitte des Steins liegen. Diese schnellen Temperaturwechsel dürften beim Absplittern der Gewölbesteine eine große Rolle spielen.

Bei dem hier zur Erörterung stehenden Versuch wurden die Gewölbesteine mehrere Male bis über ihren Schmelzpunkt erhitzt. Am Ende der ersten Betriebswoche waren Abschmelzungen und Abtropfen des Mauerwerks über das ganze Gewölbe hin eingetreten. Nur an zwei Stellen waren die Steine stark durch Hitze zerstört, und zwar am Scheitel, nahe den Enden des Gewölbes, direkt über der Eintrittsstelle der Flamme.

Am Ende der zweiten Schmelzung war die Zustellung an beiden Stellen einige Zoll breit weggeschmolzen, während Stalaktiten von geschmolzener

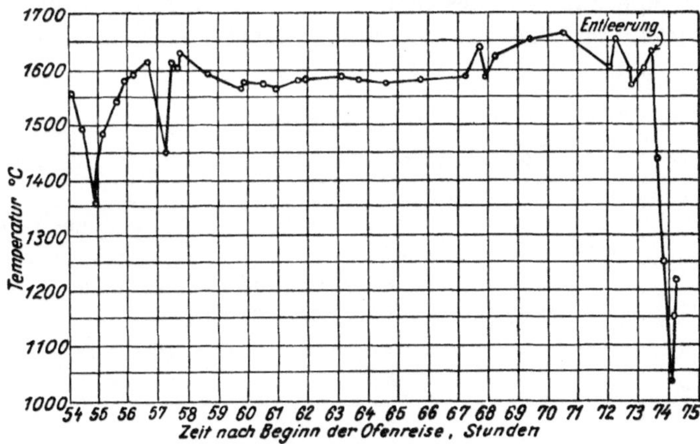

Fig. 28. Zeit-Temperaturkurve für die Herdseite des Gewölbes eines basischen Kippofens.

Steinmasse von 10 bis 15 cm Länge von der Innenfläche herunterhingen. Der Temperaturverlauf an der Herdseite während eines Teils der ersten Schmelzung ist in Fig. 28 eingetragen. Der flache Teil in der Mitte dieser Kurve stellt die mittleren Temperaturen in diesen Öfen dar, bei denen die Zustellung keiner Schmelzgefahr ausgesetzt ist. Bei den höheren Temperaturen zur Zeit des Abstichs war die Zustellung oft nahe daran auszubrennen oder zu schmelzen. Bei Temperaturen von 1650° C oder darüber tritt dann wahrscheinlich ein gewisses Abtropfen von der Gewölbeoberfläche ein.

Die Bildung von Löchern nahe an den Enden des Gewölbes durch örtliche Überhitzung muß durch eine Stichflamme verursacht worden sein, die von unten bis zum Gewölbe wirbelte. Beim Bau der Brennerkanäle dieses Ofens hatten die Maurer eine Stufe oder einen Absatz*) dadurch in den Brennergewölben geschaffen, daß eine Steinlage mit wagerechter statt mit schräg nach unten verlaufender Oberseite gelegt war. Dieser Zufall kann leicht eine aufwärts gerichtete Wirbelbewegung im Gasstrom verursacht haben und scheint deshalb die beste Erklärung für das lokale Ausbrennen der Gewölbezustellung zu sein. Das ganze Gewölbe wurde mehrere Male bis nahe an seinen Erweichungspunkt heran erhitzt, und zwar hauptsächlich durch

---

*) „jog."

strahlende Wärme, die auf seine Oberfläche einwirkte. Dazu kam noch eine Erhitzung bestimmter Teile durch Konvektionsströme heißer Gase, so daß die natürliche Folge eine bedenkliche Überhitzung des Mauerwerks an solchen Punkten gewesen sein mußte.

2. Das Temperaturgefälle
in den Wänden eines kleinen basischen Siemens-Martin-Ofens.

Das Temperaturgefälle wurde zunächst im Gewölbe, in der Rückwand und in einer Kopfwand eines feststehenden basischen 50 t Ofens gemessen. Fig. 29 zeigt eine Skizze dieses Ofens, in der die Lage der Thermoelemente angedeutet ist. Der Ofen war von alter Bauart mit Kammern unter dem

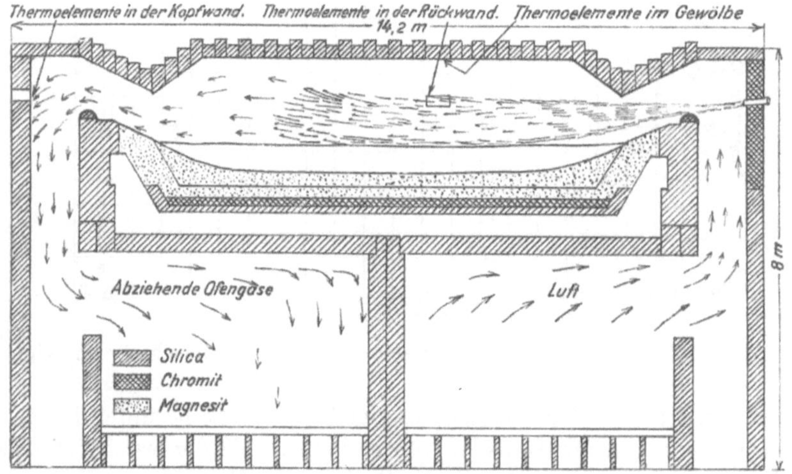

Fig. 29.   Schnitt durch einen feststehenden 50 t Siemens-Martin-Ofen.

Herde. Die Rückwand war 34 cm stark und aus Chromitsteinen normaler Größe mit versetzten Fugen in aufeinanderfolgenden Lagen gebaut. Die Vorderwand, in welche die Thermoelemente eingesetzt wurden, war aus 9-Zoll-Silicanormalsteinen 34 cm stark gebaut. Das Gewölbe, wechselweise 34 und 23 cm starke Bögen, bestand aus Silicaformsteinen. Die Thermoelemente waren in den Wänden und im Gewölbe folgendermaßen verteilt:

Einbau der Thermoelemente in den Wänden und im Gewölbe.

Nr.	Art des Elementes	Entfernung der Lötstelle von der Herdseite, mm		
		Gewölbe	Rückwand	Kopfwand
1.	Platin-Platin 10 Proz. Rhodium	20	15	15
	Desgl.	—	97	—
2.	Chromel-Alumel	114	—	133
3.	Desgl.	177	160	225
4.	Desgl.	177	250	—

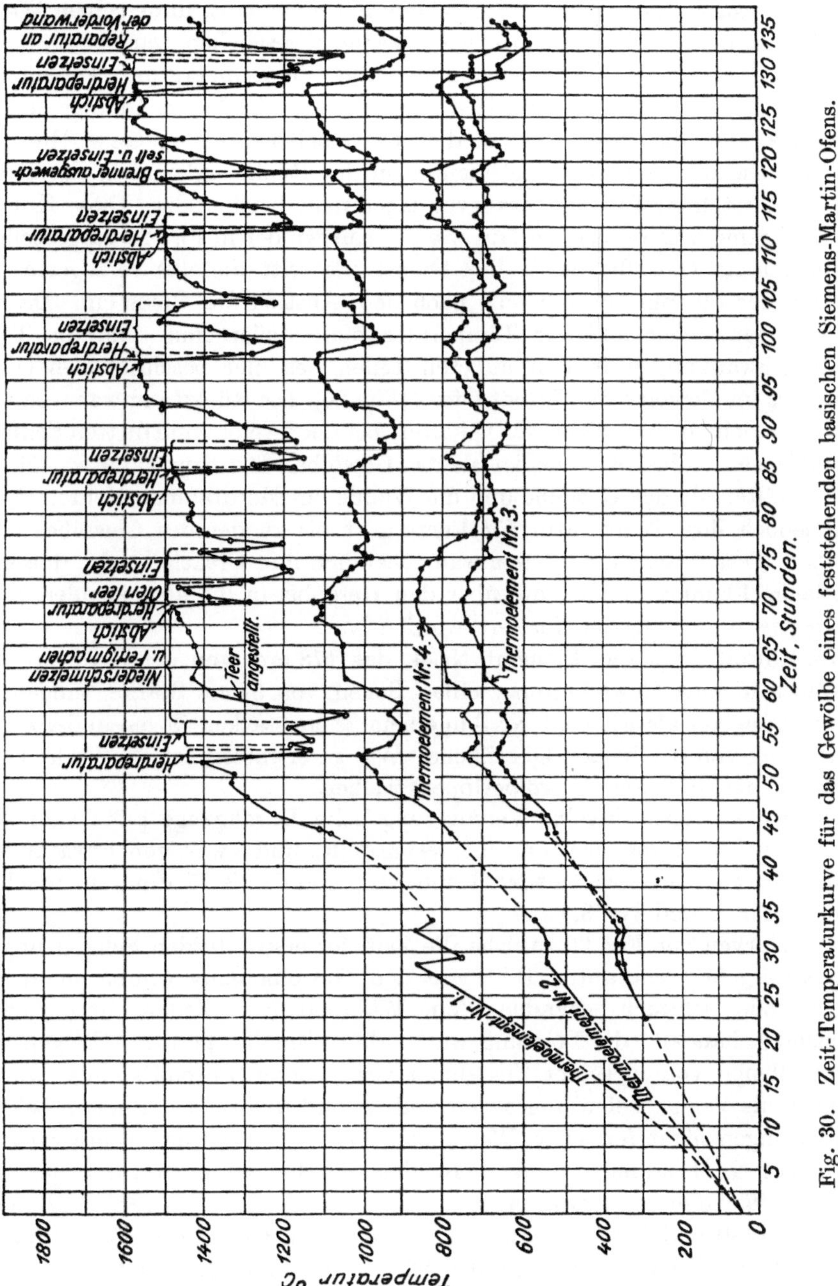

Fig. 30. Zeit-Temperaturkurve für das Gewölbe eines feststehenden basischen Siemens-Martin-Ofens.

Von den Thermoelementen im Gewölbe wurden 3 Stück in die Bögen von 23 cm Stärke eingesetzt, Nr. 4 in einen 34 cm starken Formstein in derselben Entfernung von der Herdseite des Gewölbes wie Nr. 3 in dem 23 cm starken Formstein. Die Thermoelemente wurden in die Steine eingeführt und beim Aufbau des Ofens in die Wände mit eingebaut, in derselben Weise, wie dies in dem vorher beschriebenen Versuch geschehen war.

Mit diesen Elementen wurde laufend die Steintemperatur während der Anwärmeperiode und der ersten fünf Schmelzungen in diesem Ofen gemessen. In Fig. 30 sind die Messungen an den Thermoelementen im Gewölbe dargestellt. Die mit den Thermoelementen in der Rückwand und in der Kopfwand festgestellten Temperaturkurven lagen nahe beieinander. Diese Kurven zeigen allgemein denselben Verlauf wie die Kurven der in Fig. 26 dargestellten Messungen im Gewölbe des Talbot-Ofens. Es tritt dieselbe verzögerte Abkühlung der inneren Gewölbeteile nach dem Abstich des Ofens ein. Da das Gewölbe schwächer und der Temperaturabfall steiler sind, sind die Temperaturschwankungen in den äußeren Teilen des hier beschriebenen Ofens größer als im Gewölbe des Talbot-Ofens (Fig. 26). Die Rückwand war während der ersten Schmelzung 28 bis 42° C kälter, bei der zweiten und dritten Schmelzung dagegen 28 bis 56° C heißer als das Gewölbe. Die Kopfwand war 56 bis 112° C kälter als das Gewölbe und die Wände des Herdraums. Mehrere Male stieg jedoch ihre Temperatur für kurze Zeit bis zu der des Gewölbes oder darüber; diese Erscheinung hatte wahrscheinlich ihre Ursache darin, daß sich eine lange Flamme bildete, die über den Herd bis in die absteigenden Züge schlug, wenn der Betrieb forciert worden war.

Im Gewölbe war das Element Nr. 4, das 178 mm von der Herdseite des Gewölbes in eine Gewölberippe, einen Bogen von 34 cm Stärke, eingesetzt war, stets heißer als Element Nr. 3 in einem 23 cm starken Bogen in derselben Entfernung von der heißen Oberfläche. Wie zu erwarten, ist der Verlauf der Kurve in den dickeren Gewölberippen flacher.

Auch hier wurde dieselbe Verzögerung beim Durchgange plötzlicher Abkühlungswellen durch das Gewölbe festgestellt, und zwar von etwa 20 bis 40 Minuten zwischen Element Nr. 1 und Nr. 2 und 60 bis 75 Minuten zwischen Element Nr. 1 und Nr. 3.

Die Kurven der Fig. 30, welche die Zeit der ersten beiden Schmelzungen umfassen, geben ein gutes Bild von den Gewölbetemperaturen in einem langsam oder schwach gehenden Ofen. Während dieser Zeit wurde der Ofen schonend behandelt, die Leistung war verhältnismäßig gering. (Wegen der großen Menge von in seiner Zustellung verwendeten Chromitsteinen wurde der Ofen als Versuchsofen angesehen und deshalb während der ersten beiden Schmelzungen nicht forciert.) Wenn man 56 bis 67° C zu den Temperaturen der Kurve Nr. 1 addiert, findet man, daß die Höchsttemperaturen der Gewölbeoberfläche in den letzten Abschnitten dieser ersten beiden Schmelzungen zwischen 1480 und 1550° C schwankten. Bei der dritten und fünften Schmelzung (vgl. die Kurven zwischen der 92. bis 97. und 122. bis 128. Stunde) schwanken die Temperaturen der Gewölbeoberfläche jedoch zwischen 1625 und 1650° C. Es zeigten sich hier bereits Anzeichen eines schwachen Abtropfens der Gewölbesteine.

Fig. 31 zeigt vergleichsweise das Temperaturgefälle im 23 cm starken Gewölbe dieser Messungsreihe und im 34 cm starken Gewölbe eines Talbot-

Ofens auf Grund der oben beschriebenen Messungen. Diese Messungen stammen aus Zeiten, in denen die Ofentemperatur mehr oder weniger konstant und die Temperaturen an der Herdseite beider Gewölbe fast gleich waren. In diesem besonderen Falle sind die Temperaturen der Außenflächen, die durch Extrapolation ermittelt wurden, für beide Gewölbe praktisch gleich. Fig. 32 zeigt vergleichsweise das Temperaturgefälle auf Grund der Temperaturkurven vom Gewölbe des Talbot-Ofens, entsprechend Fig. 27. Man erkennt, daß die Mittelwerte der Außentemperaturen in dem 34 cm starken Gewölbe höher sind als in dem Gewölbe von 23 cm Stärke des kleineren Ofens, die rd. 290 und 380° C betragen. Wenn diese Kurven bestimmt wären durch Einflüsse, wie Größe des Wärmeflusses, Wärmeleitfähigkeit, Wandstärke usw., so müßte man die höheren Außentemperaturen in dem schwächeren Gewölbe erwarten, also gerade umgekehrt, wie es tatsächlich in diesen Öfen der Fall ist. Es ergibt sich somit die Folgerung, daß die Temperatur der Außenflächen, wenigstens bei mehr als 13 bis 15 cm Wandstärke, in hohem Maße von der Größe des Wärmeüberganges an die Luft über dem Gewölbe abhängt; diese Zahl ist wiederum abhängig von der Lufttemperatur, von Konvektionsströmungen usw.

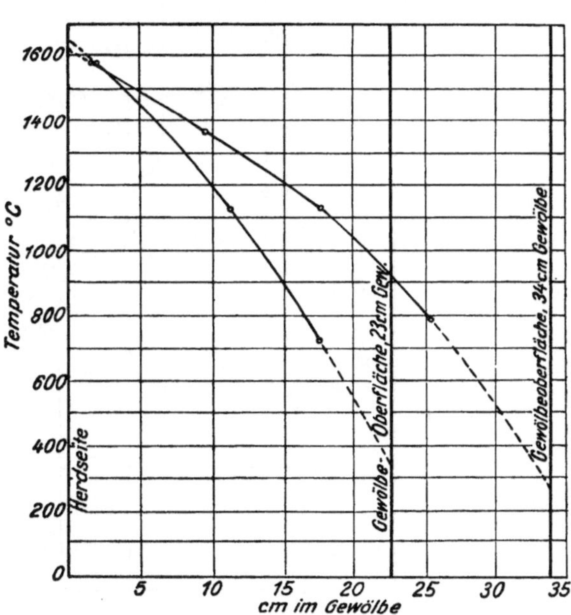

Fig. 31. Gegenüberstellung des Temperaturgefälles in einem 23 und einem 34 cm starken Gewölbe.

Sie dürfte über die umfangreiche Fläche des größeren Gewölbes hin kleiner sein. Wenn, wie man annehmen kann, die Temperatur der Herdseite fast ganz durch den Wärmeaustausch innerhalb des Herdraums bestimmt wird, dann sind für die Endpunkte der Kurven der Temperaturverteilung unabhängige, beziehungslose Einflüsse maßgebend. Die Kurve ist dann einfach eine Gradiente zwischen diesen beiden Endpunkten, ihre Form ist abhängig von der Wärmeleitfähigkeit der Steinmasse bei verschiedenen Temperaturen und von der Bauart des Gewölbes. Wenn eine Wand in ihrer Stärke auf 10 bis 13 cm oder noch weniger abgenommen hat, wird die Temperatur der Außenseite in demselben Maße zu steigen beginnen, wie der Wärmedurchgang zunimmt.

Die Fig. 32 und 33 zeigen vergleichsweise den Verlauf von Temperaturkurven im Gewölbe und in der Rückwand, sowie die Veränderungen zu verschiedenen Zeiten einer Abkühlungs- und Erhitzungsperiode der Ofen-

wände zwischen zwei Schmelzungen. Beim Vergleich dieser Kurven mit den
Kurven des 300 t Talbot-Ofens in Fig. 27 ist der gleiche allgemeine Verlauf
festzustellen. Die senkrechten Wände haben scheinbar niedrigere Außenflächen-
temperaturen (38 bis 120° C) als die wagerecht liegenden Gewölbe (260 bis
425° C). Dieser Unterschied kann durch die wirksamere Luftzirkulation und
Kühlung an den Außenflächen der senkrechten Wände verursacht werden,
sowie durch den Umstand, daß die Luft über dem Gewölbe durch heiße

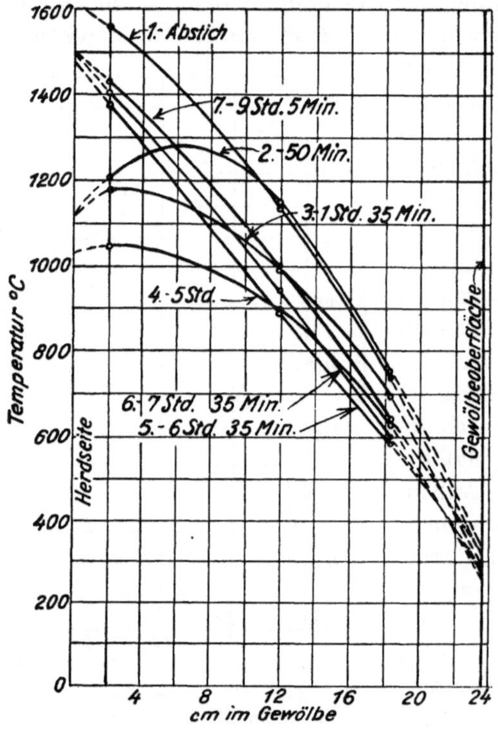

Fig. 32.
Temperaturgefälle im Gewölbe eines feststehenden basischen Siemens-Martin-Ofens.

Gase erhitzt ist, die aus dem Ofenraum durch Spalten zwischen den Gewölbesteinen aufsteigen.

Die Temperaturkurven der Gewölbe werden sämtlich bei den höheren
Temperaturen in der Nähe der Herdseite flacher, sie sind konkav nach unten,
sogar bei den meist nahezu konstanten Temperaturbedingungen im Ofen.
Nimmt man an, daß sich annähernd ein Wärmegleichgewicht eingestellt hat,
so kann diese Form der Kurve in vermehrter Strahlung durch den Porenraum und in dem besseren Wärmeleitvermögen der Silicasteine bei höheren
Temperaturen an ihren heißen Enden ihre Erklärung finden, sie rührt vielleicht
auch von der gerippten Außenform des Gewölbes her. (Über das Wärmeleitvermögen feuerfester Baustoffe bei höheren Temperaturen von 1300 bis
1650° C sollten mehr Untersuchungen angestellt werden.)

Der Kurvenverlauf an der Rückwand und am Brennerende ist nach oben konkav. Die Gewölbe bestehen aber aus massiven Formsteinen, während die 34 cm starken Wände aus 23 cm langen Steinen mit versetzten Fugen gemauert sind. Dieser Unterschied in der Bauweise verursacht wahrscheinlich die Änderung im Verlauf dieser Kurven. Die Lufträume an den Fugen bieten dem Wärmedurchgang großen Widerstand. Dieser vergrößerte Widerstand kann zum Teil auch der Grund für die niedrigeren Außentemperaturen dieser Wände sein.

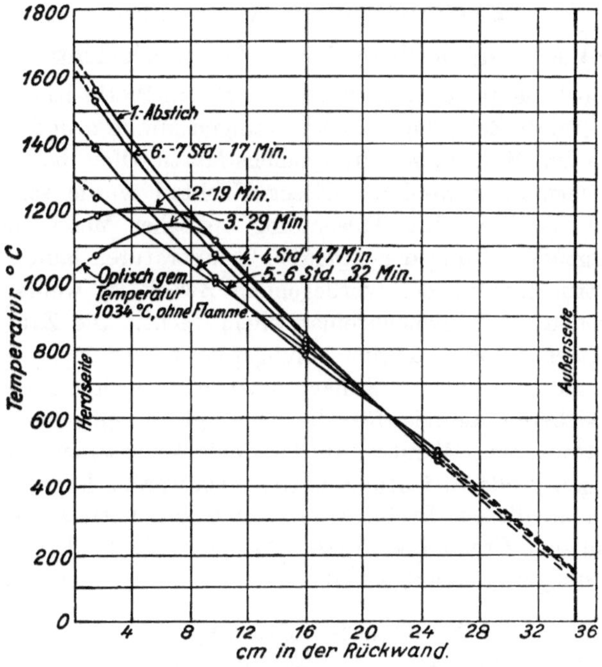

Fig. 33.
Temperaturgefälle in der Rückwand eines feststehenden basischen Siemens-Martin-Ofens.

Im allgemeinen beeinflussen zu viel Variable den Betrieb der Öfen, um wirklich genaue Schlüsse über die Ursachen der Veränderungen der Kurven des Temperaturgefälles in den Wänden ziehen zu können. (Diese verwickelten Verhältnisse werden genauer durch Laboratoriumsarbeiten untersucht werden.)

3. Temperaturgefälle und zonales Gefüge in gebrauchten Silicasteinen.

In einem gebrauchten Gewölbestein (vgl. Kapitel III) ist eine graue Zone von 13 bis 38 mm Breite am heißen Ende vorhanden, in welcher Cristobalit vorherrscht. Auf Grund der Stabilitätsbeziehungen in Kieselsäuremineralien, die von *Fenner*[18]) und anderen untersucht worden sind, ist Cristobalit nur oberhalb 1470° C stabil. Man fand auch gebrauchte Silicasteine, die einige

Zoll tief mit Flußmitteln durchsetzt waren, und sollte deshalb annehmen, daß die Köpfe der Steine nach der Herdseite zu im Ofen die meiste Zeit bis zu einer Tiefe von 12 bis 16 mm über 1470° C heiß waren, wobei sich die Zone hoher Temperatur einige Zoll tief in dem Stein ausdehnte und dadurch das Eindringen der Flußmittel ermöglichte. Die Kurven für den Temperaturabfall entsprechen ganz diesen Verhältnissen.

4. Genauigkeit von Temperaturmessungen mit optischen Pyrometern im Herdraum.

a) Anwendungsbereich von Thermoelementen.

Alle Thermoelemente, einschließlich der Platin-Platin-Rhodiumelemente, versagen nach einiger Zeit, die zwischen wenigen Minuten und einigen Tagen liegt, wenn sie im Herdraum von Siemens-Martin-Öfen bei Stahlschmelztemperaturen verwendet werden. Dieser Nachteil wurde schon früher in diesem Kapitel erwähnt. Die Anwendung optischer Meßmethoden ist die einzige befriedigende Lösung der Aufgabe, Temperaturen laufend zu messen. Das beste Instrument für den vorliegenden Zweck ist wahrscheinlich das Glühfadenpyrometer mit monochromatischem Licht. Die Zahl der Fehlerquellen ist geringer als bei Gesamtstrahlungspyrometern, es ist ferner stabiler und einfacher zu handhaben. Zunächst ist es jedoch erforderlich, einen einigermaßen sicheren Beweis für die Richtigkeit optischer Temperaturmessungen an Gewölben, Wänden, an der Schlacke usw. zu haben, ehe derartigen Messungen große Bedeutung beigemessen werden kann. Verschiedene Forscher haben an diesem Problem gearbeitet, die Verfasser sind aber der Ansicht, daß in den Ergebnissen dieser Arbeiten die Fehlerquellen und die für genaue Messungen notwendigen Grundlagen nicht genau genug beschrieben sind.

b) Bisherige Messungen.

Im Jahre 1916 machte *Burgess*[10]) wohl die ersten systematischen Reihenmessungen an Stahlöfen. Die Emissionsvermögen, 0,40 für flüssigen Stahl und 0,54 bis 0,65 für flüssige Schlacken, wurden vom U. S. Bureau of Standards gemessen und von *Burgess* bei seinen Messungen eingesetzt. Diese Korrektionsgrößen werden jetzt noch gebraucht und als sicher angesehen; die Abstich- und Gießtemperaturen für flüssiges Metall, die von *Burgess* angegeben wurden, sind wahrscheinlich ziemlich sicher. Er führt auch Temperaturen von Ofengewölben und Schlackenoberflächen an, die zum größten Teil gemessen wurden, während Flammen in den Öfen waren. Diese Temperaturangaben streuen und scheinen in den meisten Fällen etwas zu hoch zu liegen. Einige Gewölbetemperaturen werden mit über 1700° C angegeben. Ein Silicagewölbe würde bei derartigen Temperaturen, die man nur in einem stark überhitzten Ofen finden kann, schnell herunterschmelzen.

Im Jahre 1918 veröffentlichte *Johns*[31]) einen Bericht über Temperaturmessungen in sauren Siemens-Martin-Öfen und eine Tabelle, in welcher Ofentemperaturen von 1700 bis 1800° C als korrigierte Temperaturen angegeben werden. *Johns* behauptete, daß die Wände im Herdraum mehr der Bedingung freistrahlender Oberflächen entsprächen als der schwarzen Strahlung. Er korrigierte deshalb die beobachteten Temperaturen nach oben, indem er für die Emissionsvermögen den Wert von 0,56 für die Steinoberfläche und von 0,50 für die Schlacke einsetzte. Seine unkorrigierten Temperaturen, die direkt nach dem Ofenabstich bei flammenfreiem Ofen gemessen wurden, schwanken zwischen 1575 und 1665° C. Diese Temperaturen stimmen gut mit den von den Verfassern beobachteten überein, die angegebenen korrigierten Temperaturen sind aber zweifellos zu hoch, als daß sie ohne vollständiges Herunterschmelzen der Silicawände und -gewölbe in einem Siemens-Martin-Ofen überhaupt erreicht werden könnten.

1922/23 führte *Greenwood*[23]) eine ausgedehnte Untersuchung über die Fehlerquellen und Korrekturen bei optischen Temperaturmessungen in Stahlöfen aus. Er stellte fest, daß durch Reflexion an der Flamme die beobachtete Temperatur höher wird, und prüfte die Unterschiede zwischen „flammenfreien" und „flammenhaltigen" Temperaturen, wobei letztere während der Umschaltung durch eine offene Tür gemessen wurden. *Greenwood* folgerte aus seinen Beobachtungen, daß die Erhöhung der scheinbaren Temperaturen durch reflektierte Strahlung der Flamme ziemlich konstant 27 bis 35° C beträgt. Temperaturen der Schlackenoberfläche zur Zeit des Ofenabstichs wurden ebenfalls berechnet, und zwar auf Grund der Temperatur der Schlacke und des Metalls beim Abstich. Diese errechneten Werte waren durchgehend etwa 35° C höher als die entsprechenden Temperaturen, die an der Schlackenoberfläche durch eine offene Tür direkt vor dem Ofenabstich gemessen worden waren, während der Herdraum flammenfrei war. Als selbstverständliche Folgerung ergab sich, daß der Herdraum ohne Flamme nicht einen schwarzen Hohlraumstrahler darstellt und daß der hierdurch verursachte negative Fehler gerade durch den stark positiven Fehler infolge der Reflexion an den Flammen ausgeglichen wird. Wenn diese Ergebnisse richtig sind, dann gäben Beobachtungen durch eine offene Tür des flammenerfüllten Ofens die nahezu richtigen Temperaturen der Schlacke und der Ofenwände wieder. *Greenwood* folgert, daß Ablesungen in Abwesenheit von Flammen die richtigen Temperaturen ergeben würden, wenn zum Anvisieren ein kleines Schauloch an Stelle einer großen, weit geöffneten Tür benutzt würde.

Die Annahme, daß man durch eine Korrektur am Emissionsvermögen der ausfließenden Schlacke die wirkliche Oberflächentemperatur der Schlacke im Ofen vor dem Abstich erhalten kann, bildet eine erhebliche Fehlerquelle. Die durch Reflexion an der Flamme auftretenden Fehler sind sicherlich für verschiedene Öfen und Brennstoffe verschieden. Außerdem kann die bei diesen Versuchen anvisierte Schlackenoberfläche eine Abkühlung erfahren haben, ehe die Ablesungen gemacht wurden, weil sofort ein starker Strom kalter Luft durch die geöffnete Tür in den Ofen eindringt. In verallgemeinerter Form scheinen die Schlußfolgerungen von *Greenwood* unzulänglich zu sein und für die Erklärung der wechselnden Bedingungen und Fehlerquellen bei Messungen in Stahlöfen nicht auszureichen.

c) Meßmethoden bei der vorliegenden Untersuchung.

Bei den Temperaturmessungen der Verfasser wurden zwei Leeds and Northrup-Glühfadenpyrometer benutzt. Ein Instrument wurde vom Bureau of Standards besonders geeicht, das andere war neu und wurde mit der Originaleichung der Hersteller verwendet. Beim Anvisieren derselben Stellen verschiedener Ofenwände konnten zwei Beobachter mit beiden Pyrometern Ablesungen erhalten, die innerhalb 3 bis 6° C übereinstimmten, solange die Instrumente sorgfältig überwacht und in gutem Zustande erhalten wurden. In der Regel wurden die Messungen an den Flammen, an der Schlacke und an den Gewölbe- und Wandoberflächen im Herdraum derart vorgenommen, daß durch ein kleines Schauloch von 13 bis 20 cm Durchmesser in den Türen oder durch kleine Öffnungen im Kopf der Brennerrückwand hindurch visiert wurde. Bei diesem Vorgehen dürfte der flammenfreie Ofenraum vermutlich dem Zustand eines vollkommenen Hohlraumstrahlers oder schwarzen Körpers ziemlich nahe kommen, wenn nicht zwischen den Temperaturen des Gewölbes, der Wände und der Schlackenoberfläche große Unterschiede bestehen.

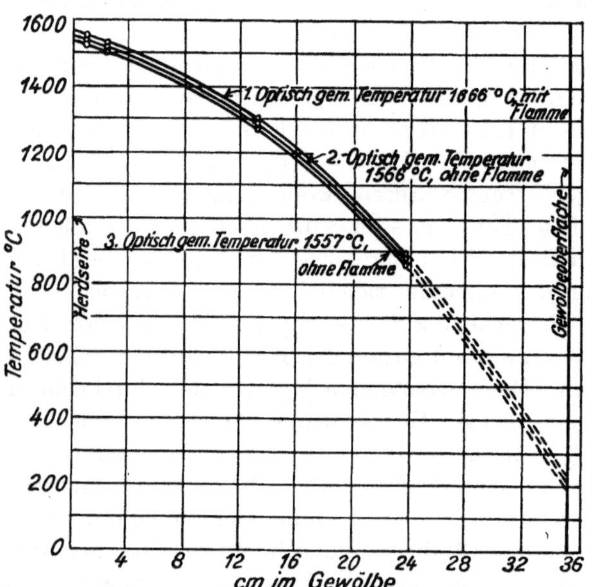

Fig. 34. Temperaturgefälle im Gewölbe eines Talbotofens.

Richtige Messungen der Oberflächentemperaturen sollten auf diese Weise direkt und ohne Korrekturen für verschiedene Emissionsvermögen zu erhalten sein.

Bei allen früher in diesem Kapitel beschriebenen Temperaturmessungen wurden die optischen Messungen durch Anvisieren der Herdseite des Gewölbes an derselben Stelle vorgenommen, wo die Thermoelemente in verschiedenen Tiefen eingebaut waren. Derartige Messungen wurden sowohl mit als ohne Flamme im Ofen ausgeführt. Die Kurven des Temperaturgefälles können durch Extrapolieren bis auf die Herdseite des Steins, d. h. um ungefähr 8 bis 18 mm, verlängert werden. Die auf diese Weise erhaltenen Oberflächentemperaturen müßten sich mit den optischen Messungen decken, wenn die Bedingungen des schwarzen Körpers tatsächlich vorliegen. (Es möge erwähnt werden, daß die optischen Pyrometer mit Platinelementen im Laboratorium in einem heizbaren schwarzen Hohlraumstrahler geeicht wurden.) Fig. 34 zeigt Temperaturkurven von der ersten orientierenden Messung am Gewölbe

eines Talbot-Ofens, verglichen mit optischen Temperaturmessungen, die gleichzeitig mit den Ablesungen an den Thermoelementen ausgeführt wurden. Beim
Vorhandensein einer Flamme im Ofen liegt die optisch gemessene Temperatur
in dem angeführten Falle 122° C über der errechneten; bei flammenfreier
Messung sind die optischen Temperaturen 31 und 39° C höher. Wie bereits
oben bemerkt wurde (bei der Besprechung der Fehlerquellen der Messungen
des Temperaturgefälles), ergaben die Laboratoriumsmessungen bei diesem
Versuch ungefähr 33° C zu niedrige Werte. Wenn man diesen Betrag zu
den extrapolierten Temperaturen in Fig. 34 addiert, so erhält man im wesentlichen dieselben Werte wie bei den optischen Messungen ohne Flamme, während
die Messungen mit Flamme noch 90° höher liegen. Aus diesen Ergebnissen
sollte man schließen, daß die Schmelzraumwände bei flammenfreiem Ofen
wie ein schwarzer Körper strahlen. Bei Vorhandensein einer Flamme, welche
stärker strahlt als die Ofenwände, reflektieren die letzteren einen Teil der von der
Flamme aufgenommenen Strahlung und ergeben scheinbar höhere Temperaturen.

Tabelle 17. Vergleich der optisch gemessenen Temperaturen mit den Temperaturen, die durch Extrapolation der Temperaturgefällekurven erhalten
wurden (° C).

| Zeit nach der Inbetriebsetzung | | Flamme | Ofenteil | Temperatur, ° C | | | |
Stunden	Minuten			Element Nr. 1	Extrapoliert für die Oberfläche an der Herdseite	Optisch gemessen	Differenz
52	40	mit	Gewölbe	1197	1227	1362	135
		mit	Rückwand	1181	1249	1331	82
58	10	ohne	Rückwand	1250	1332	1327	5
		ohne	Gewölbe	1255	1315	1335	20
		mit	Gewölbe			1397	82
63	40	mit	Gewölbe	1432	1491	1536	45
		ohne	Gewölbe			1489	2
84	40	ohne	Gewölbe	1485	1548	1554	6
		mit	Gewölbe			1595	47
85	10	ohne	Gewölbe	1196	1043	1040	3
		ohne	Rückwand	1120	1038	1035	3
107	45	mit	Gewölbe	1485	1549	1582	33
108	45	ohne	Gewölbe	1495	1560	1557	3
		mit	Gewölbe			1610	50
109	50	mit	Gewölbe	1500	1566	1599	33
111	10	ohne	Gewölbe	1500	1557	1560	3
		mit	Gewölbe			1598	43
133	30	mit	Gewölbe	1390	1490	1510	20
134	30	ohne	Gewölbe	1425	1487	1490	3
135	15	ohne	Gewölbe	1425	1490	1494	4
		mit	Gewölbe			1560	70
136	0	ohne	Gewölbe	1448	1515	1510	5
		mit	Gewölbe			1570	55
166	35	ohne	Gewölbe	1523	1573	1550	25
		mit	Gewölbe			1577	4
167	5	ohne	Gewölbe	1523	1577	1577	0
		mit	Gewölbe			1610	33

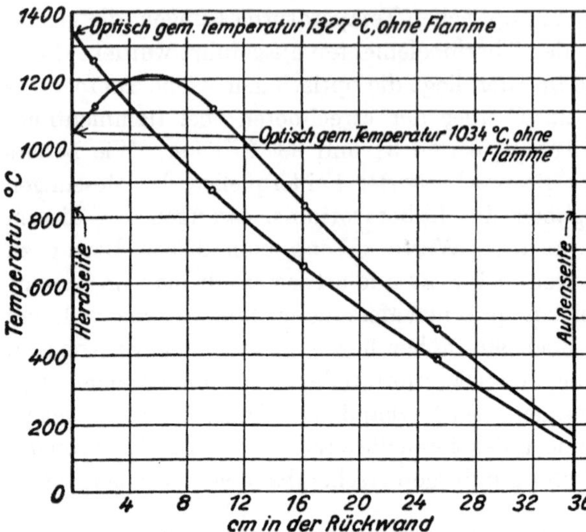

Fig. 35. Temperaturgefälle in der Rückwand aus Chromitsteinen eines 50 t basischen Siemens-Martin-Ofens.

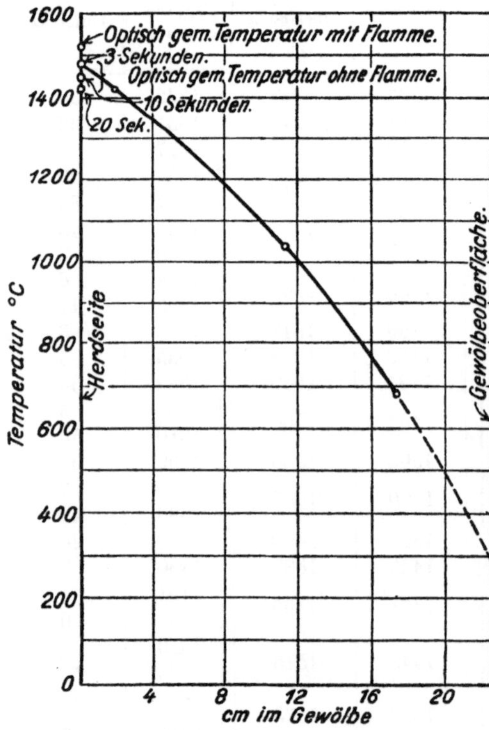

Fig. 36.   Temperaturgefälle im Gewölbe eines
basischen Siemens-Martin-Ofens.

Bei der zweiten Messungsreihe an einem Talbot-Ofengewölbe ähnlicher Bauart (vergleiche Fig. 27) deckten sich die Ergebnisse nicht mit denen von Fig. 34. Die wenigen optischen Messungen waren unter sich abweichend; in einigen Fällen waren die optischen Messungen sowohl mit wie ohne Flamme niedriger, als die aus den Kurven abgeleiteten Temperaturen. Viele Begleitumstände, die bei der Messung zusammentrafen, ließen diese Ergebnisse als unsicher erscheinen, sie verursachten zum mindesten einigen Zweifel an der Genauigkeit der Werte der ersten Messungsreihe. Bei der Messung Nr. 3 wurden Messungen des Temperaturgefälles und optische Messungen am Gewölbe sowie an der Rückwand eines feststehenden 50 t Ofens vorgenommen (vgl. Fig. 30). Es wurde bei dieser Reihe Vorsorge getroffen, daß alle Messungen so genau wie möglich ausgeführt wurden. Die benutzten Platinelemente waren bis 1400 °C durch direkten Vergleich mit Normalelementen geeicht. Tabelle 17 enthält eine große Anzahl optischer Messungen aus dieser Reihe, von denen mehrere durch zwei Beobachter kontrolliert wurden, und zwar mit und ohne Flamme im Ofen und verglichen mit den aus den Temperaturabfallkurven extrapolierten Temperaturen. Das an der Herdseite liegende Thermoelement im Gewölbe war 18 mm von der Herdseite entfernt. Die Extrapolation über die Entfernung enthält gewisse Fehler Beim Durchziehen der Temperaturkurven stimmten bei 11 von 13 Messungen die optischen Temperaturmessungen ohne Flamme mit den extrapolierten Temperaturen innerhalb 0 bis 6° C überein; bei den anderen beiden Messungen betrugen die Differenzen 20 und 24° C. Die optisch gemessenen Temperaturen mit Flamme sind fast immer höher als die extrapolierten Temperaturen, ihre Abweichungen schwanken von 20 bis 135° C. Die flammenfrei gemessenen Temperaturen scheinen über den ganzen Bereich von 1035 bis 1600° C richtig zu sein. Fig. 35 zeigt zwei Temperaturkurven für die Rückwand mit den zugehörigen optischen Temperaturmessungen.

Trotz der Schwierigkeiten, die sich bei Vornahme genauer Messungen bei so extrem hohen Temperaturen ergeben, dürfte das Maß an Beweismaterial bestimmt die Schlußfolgerung zulassen, daß sich der Schmelzraum des Siemens-Martin-Ofens, wenn keine Flamme im Ofen vorhanden ist, den Eigenschaften des schwarzen Körpers nähert, und daß durch die direkte Messung mit dem optischen Pyrometer unter diesen Bedingungen die wirklichen Temperaturen erhalten werden.

Wenn das Gas im Schmelzraum abgestellt ist, beginnen die inneren Steinflächen rasch abzukühlen. Fig. 36 zeigt diese Erscheinung deutlich. Die Temperaturkurve im Gewölbe ist für eine Zeitspanne angegeben, während welcher der Ofen unter gleichmäßigen Bedingungen arbeitete. Die Oberflächentemperatur für das Gewölbe betrug ungefähr 1490° C. Zu derselben Zeit ergab die optische Messung am Gewölbe bei Anwesenheit von Flammen 1532° C, also etwa 42° höher. Es wurde dann die Flamme abgestellt und so schnell wie möglich (in 2 bis 3 Sekunden) eine optische Messung vorgenommen, welche 1487° C ergab. Dann kühlte das Gewölbe rasch ab; nach 10 Sekunden befand es sich auf 1460° und nach 20 Sekunden auf 1432°, d. i. ein Fortschreiten der Abkühlung um 5°/sec. Sofort nach dem Abstellen der Flamme vorgenommene Ablesungen scheinen fast genau die Arbeitstemperaturen des Ofens zu ergeben.

5. Unterschied zwischen den Pyrometerablesungen mit und ohne Flamme im Ofen.

Tabelle 18 enthält einige Reihen von optisch gemessenen Temperaturen an Gewölben mit und ohne Flamme im Schmelzraum. Bei diesen Messungen wurde das Pyrometer zuerst auf die Gewölbeoberfläche über der Flammenzone gerichtet, d. h. ohne daß die Flamme im Gesichtsfeld war, um die Temperaturen mit Flammen im Ofen zu messen. Es wurde dann die Flamme abgestellt und sofort eine zweite Temperaturmessung an derselben Stelle des Gewölbes vorgenommen.

Anwesende Flammen bewirken immer eine Steigerung der scheinbaren Gewölbe- oder Wandtemperaturen durch Reflexion der intensiveren Strahlung der Flamme durch die Wand. Im Gegensatz zu den Schlußfolgerungen von *Greenwood*[23]) scheint sich die Intensität dieser Erscheinung in verschiedenen

Tabelle 18. Optisch gemessene Temperaturen von Gewölbeoberflächen mit und ohne Flamme im Ofen (° C).

Ofentyp	Verwendeter Brennstoff	Gewölbetemperatur, ° C		
		ohne Flamme	mit Flamme	Differenz
45 t basisch	Natürliches u. Koksofen-gas; gasreiche Mischung	1622	1638	16
		1655	1672	17
		1641	1677	36
		1590	1622	32
		1610	1655	45
		1606	1655	49
45 t basisch	Natürliches u. Koksofen-gas; gasarme Mischung	1593	1605	12
		1625	1647	22
		1613	1628	15
		1610	1628	18
80 t basisch	Teer	1577	1677	100
		1577	1638	61
50 t basisch	Teer	1528	1596	68
		1510	1577	67
		1527	1582	55
		1505	1596	91
		1582	1650	68
300 t Talbot	Teer und Koksofengas	1555	1610	55
350 t Talbot	Generatorgas	1573	1610	37
		1562	1582	20
		1565	1593	28
20 t sauer	Öl	1582	1616	34
		1577	1627	50
		1593	1633	40
		1600	1644	44
		1606	1641	35
		1630	1683	53
		1255	1373	118
		1275	1432	157

Öfen und zu verschiedenen Zeiten in demselben Ofen stark zu ändern. Die in Tabelle 18 errechneten Differenzen liegen zwischen 12 und 157° C. Die Ursachen dieser Abweichungen sind folgende: die stark leuchtenden Flammen bei der Verfeuerung von Teer und Öl haben ein stärkeres Strahlungsvermögen als die verhältnismäßig schwach leuchtenden Flammen von gereinigtem Koksofengas. Erhöhung der Flammtemperaturen und Abnahme der wirklichen Wandtemperatur steigern in gleichem Maße die reflektierende Wirkung der Flammen. Glasierte Oberflächen reflektieren mehr strahlende Energie als rauhe Oberflächen. Als Grenzfall dieser Art kann eine Schlacke mit vollkommen ruhiger und spiegelnder Oberfläche gelten, die fast alles Licht der Flamme reflektieren und eine scheinbare Temperatur besitzen würde, die der Flammentemperatur selbst nahekommt.

Zu gleicher Zeit angestellte Messungen ohne Flamme an verschiedenen Stellen des Gewölbes haben ergeben, daß das Gewölbe über seine ganze Oberfläche hin einem ziemlich gleichmäßigen Temperaturzustand zustrebt.

Messungen mit Flamme ergaben jedoch scheinbare Temperaturen, die von einem bis zum anderen Ende des Gewölbes erheblich wechselten. An der Stelle unmittelbar über der Flamme, ferner an der Stelle ihrer größten Ausdehnung und ihrer größten Helligkeit ist die scheinbare Temperatur am höchsten, weil hier das Gewölbe mehr von der Strahlung der Flamme reflektiert. Tabelle 19 zeigt diese Richtung an scheinbaren Temperaturen, die an der Seite des Gewölbes, wo die Flamme eintritt, 20 bis 25° C höher sind als an der Austrittsseite.

Tabelle 19. Unterschiede zwischen den optisch gemessenen Temperaturen an verschiedenen Stellen eines Ofengewölbes (mit Flamme) (° C).

| Messungen an der Gewölbeoberfläche | | | Flamme |
Eintrittsseite	Mitte	Abzugsseite	
1630	1610	1610	mit
1578	—	1582	ohne
1600	1577	1555	mit
1530	1526	—	ohne
1640	1623	1610	mit
—	1577	—	ohne
1567	1532	1532	mit
1564	1529	1536	mit
1510	1465	1455	mit

Die erwähnte Neigung zum Ausgleich der Unterschiede in den wirklichen Temperaturen über die ganze Gewölbefläche hin hat in der Praxis nicht immer ihre Ursache in diesem Vorgange. Der wichtigste Vorgang ist der, daß wegen des raschen Wärmeaustausches durch Strahlung zwischen verschiedenen Oberflächen im Schmelzraum bei so hohen Temperaturen eine starke Neigung zum Ausgleich der Temperaturen an diesen Oberflächen besteht. Häufig wird jedoch der Wärmefluß nach einer bestimmten Stelle hin außerordentlich rasch erfolgen, was gewöhnlich auf einen Strom heißer Gase dorthin oder auf den Anprall der Flamme auf diese Stelle zurückzuführen ist. Dieser Teil der Oberfläche wird dann heißer als die anderen Teile des Gewölbes.

6. Die Temperaturverteilung im Herdraum.

Die Kenntnis der Temperaturverteilung zwischen Gewölbe, Wänden und Schmelzbad im Schmelzraum ist deshalb so wichtig, weil sie zur Erklärung des Versagens der feuerfesten Zustellung im Gewölbe und in den Wänden und auch des Wärmeüberganges im Ofen beiträgt. Die Verhältnisse in verschiedenen Öfen ändern sich jedoch so stark, daß das allein mögliche Verfahren zur Feststellung der Haupterscheinungen in der übersichtlichen Zusammenstellung einer großen Summe von gleichartigen Beobachtungen und Messungen in verschiedenen Stahlwerken besteht.

Kurz vor dem Ende einer Schmelzung, wenn also eine fast ruhige Schlackenschicht das Schmelzbad bedeckt und die Flamme abgestellt ist, kann man im Ofen mit bloßem Auge nur kleine Unterschiede in den scheinbaren

Temperaturen von Wand, Gewölbe und Schlackenoberfläche erkennen. Die gute Übereinstimmung zwischen den optisch und mittels Thermoelement gemessenen Temperaturen (vgl. Tabelle 17) dürfte ebenfalls darauf hindeuten, daß der Herdraum als Ganzes den Eigenschaften eines schwarzen Hohlraumstrahlers nahekommt, d. h. eine durchweg gleichmäßige Temperatur hat.

Tabelle 20 enthält vergleichsweise Temperaturen von Gewölben und Rückwänden, die in 5 Öfen sehr verschiedener Bauart festgestellt wurden.

Tabelle 20. Vergleichende Zusammenstellung von Oberflächentemperaturen von Gewölben und Rückwänden von 5 Siemens-Martin-Öfen (°C).

Ofentyp	Gewölbe	Rückwand	Temperatur-differenz
50 t basisch, fest	1562	1563	1
	1540	1565	25
	1521	1529	8
	1530	1526	4
45 t basisch, fest	1654	1621	33
	1590	1560	30
	1593	1579	14
	1605	1633	28
	1625	1625	0
	1613	1616	3
	1597	1597	0
	1571	1571	0
	1593	1590	3
	1625	1625	0
80 t basisch, fest	1577	1593	16
350 t Talbotkippofen	1571	1577	6
	1565	1570	5
	1567	1563	4
	1563	1567	4
	1550	1546	4
20 t sauer, fest	1632	1632	0
	1599	1600	1
	1550	1558	8
	1610	1602	8
	1610	1617	7
	1631	1632	1

Für zwei zusammengehörige Temperaturen wurden die Messungen ohne Flamme im Ofen gleichzeitig am Gewölbe und an der Rückwand mit 2 optischen Pyrometern ausgeführt. Die ermittelten Temperaturdifferenzen schwanken zwischen 0 und 33° C, wobei die Rückwand manchmal heißer und manchmal kälter war als das Gewölbe. Die mittlere Differenz beträgt nur 8° C, wobei der mutmaßliche Fehler der Messungen zwischen 3 und 6° C liegt; diese Zahlen sind der Beweis für ein ausgesprochenes Bestreben, Temperaturunterschiede auszugleichen.

Da bei der Ofenarbeit hauptsächlich Wärme auf den Stahl und die Schlacke übertragen werden soll, um ein flüssiges Bad zu erhalten, sollte man erwarten, daß die Schlacke gegenüber dem Gewölbe und den Wandflächen eine niedrigere Temperatur annimmt. Dieser Temperaturabfall ist der vergleichenden Zusammenstellung der Temperaturen des Schlackenbades und der Wandflächen mehrerer Öfen verschiedener Bauart in Tabelle 21 zu entnehmen. Diese Messungen wurden in derselben Weise vorgenommen wie diejenigen in Tabelle 20, wo sie an den Rückwänden und Gewölben ausgeführt wurden. Die Schlackenoberfläche ist in 18 von 22 Fällen kälter als das Gewölbe und die Rückwand, wobei der Temperaturunterschied 6 bis 55° C beträgt; der mittlere Unterschied ist ungefähr 28° C. In einigen Fällen fand man gegen das Ende einer Schmelzung, daß die Schlacke heißer war als die Wandoberfläche.

Tabelle 21. Vergleichende Zusammenstellung von Temperaturen der Schlacken und Wandflächen von 3 Siemens-Martin-Öfen (° C).

Ofentyp	Gewölbe	Rückwand	Schlacke	Max. Differenz
350 t Talbotkippofen	—	1562	1507	45
	1563	—	1543	20
	1567	—	1559	8
	1563	1567	1550	17
50 t basisch, fest	1580	—	1543	37
	1502	—	1507	5
	1563	—	1528	35
20 t sauer, fest	1579	—	1562	17
	1605	—	1577	28
	1597	—	1565	32
	1593	—	1557	36
	1599	—	1543	56
	1577	—	1560	17
	1577	—	1591	14
	1597	—	1591	6
	1599	1600	1604	4
	1607	—	1598	9
	1550	1557	1543	14
	1574	—	1550	24
	—	1591	1565	26
	1610	1602	1577	33
	1610	—	1625	15

a) Temperaturen der Schlacke.

Die Messung der Temperatur der Schlackenoberfläche liefert weniger scharf definierte Werte als Messungen an den Wandflächen, weil durch Konvektion im flüssigen Schlackenbade über dem kühleren, darunter liegenden Stahlbade starke Temperaturschwankungen auftreten. Die in der Schlacke beim Kochen des Bades aufsteigenden Blasen sehen stets dunkler aus als die übrige Oberfläche. Schlacke leitet die Wärme verhältnismäßig schlecht, ein vollständig unbewegliches Schlackenbad würde eine Oberflächentemperatur haben, die gleich oder höher ist als die der Wandflächen. Der Wärmedurchgang durch das Schlackenbad erfolgt wahrscheinlich größtenteils durch Konvektion. Die starke Bewegung des Schlackenbades bewirkt, daß seine Oberfläche in der Temperatur etwas unter derjenigen der Zustellung liegt, da es die von den Ofenwänden und der Flamme aufgenommene Wärme auf das unter ihr befindliche Stahlbad überträgt. Gegen Schluß des Fertigmachens einer Schmelze ist der Stahl fast bis auf die Ofentemperatur erhitzt, so daß er der Schlackenoberfläche nicht mehr so viel Wärme entziehen kann; letztere kann dann heißer werden als die Ofenwände. In der Regel besteht, wenn dies eintritt, die Gefahr einer Überhitzung des Gewölbes, wenn der Ofen nicht sofort einreguliert wird.

b) Ofentemperaturen während der Abstichperiode.

Nachdem der Stahl aus dem Ofen abgelassen worden ist, wird die Flamme abgestellt, die Einsatztüren werden zur Ausbesserung des Herdes und der Brücken geöffnet. Herd, Wände und Gewölbe fangen sofort an, rasch abzukühlen. In Fig. 37 ist die Abkühlungskurve der Wandflächen des Schmelzraums eines sauren 20 t Ofens während einer solchen Kühlperiode zwischen zwei Chargen dargestellt. Die Temperaturmessungen für diese Kurve wurden durch eine Öffnung in einem Brennerende mit einem optischen Pyrometer ausgeführt, mit dem Stellen des Gewölbes, der Rückwand und des Herdes während der ganzen Abkühlzeit anvisiert wurden, bis bei Beginn der nächsten Schmelzung die Beheizung wieder angestellt wurde.

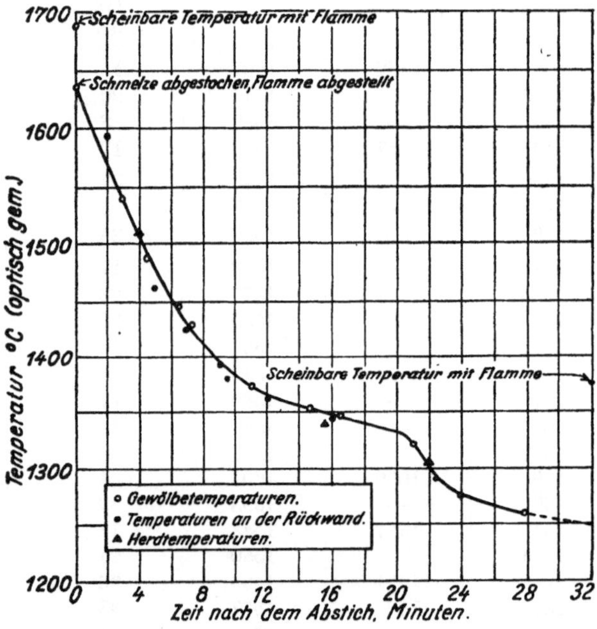

Fig. 37.
Abkühlungskurve des Schmelzraums eines sauren Siemens-Martin-Ofens in der Zeit zwischen zwei Schmelzungen.

Die Kurve ist durch die Punkte, welche die Gewölbetemperaturen darstellen, durchgezogen, sowohl die Rückwand- wie die Herdtemperaturen liegen auf oder mindestens sehr nahe an dieser Kurve. Scheinbar kühlt sich der ganze Ofenraum gleichmäßig ab, weil die Temperatur durch den raschen Wärmeaustausch durch Strahlung zwischen dem Herd, den Wand- und Gewölbeflächen überall ziemlich gleich gehalten wird. Der flache Teil in der Mitte dieser Kurve wurde durch zeitweiliges Schließen der Einsatztüren verursacht, das den Abfluß von Wärme aus dem Ofen verzögerte.

Die Temperaturen der Gewölbeoberflächen mit Flammen im Ofen wurden festgestellt, unmittelbar ehe das Gas beim Abstich des Ofens abgestellt, und sofort, nachdem es wieder zu Beginn der nächsten Schmelzung angestellt worden war. Diese Punkte sind in Fig. 37 über den Endpunkten der Abkühlungskurve dargestellt und zeigen deutlich die Wirkung der Reflexion der Flamme in einer Erhöhung der scheinbaren Temperaturen der Wandflächen. Die Wirkung ist größer (110° C) bei der niedrigeren Temperatur, entsprechend der größeren Differenz zwischen den wahren Temperaturen der Flamme und des Gewölbes bei Beginn der Schmelzung und zur Zeit des Abstichs.

c) Flammentemperaturen.

Der von den Feuergasen eingenommene Raum bildet die Zone höchster Temperatur im Ofen. Diese Temperaturen sind zu hoch für die direkte Messung mit den zu Gebote stehenden Thermoelementen. Die scheinbaren Flammentemperaturen können leicht durch direkte Messung mit optischen oder Strahlungspyrometern bestimmt werden, es gibt jedoch keine einwandfreie Methode zur Nachprüfung ihrer Genauigkeit, sodaß solche Messungen von sehr zweifelhaftem Wert sind. Eine große Zahl derartiger scheinbarer Flammentemperaturen sind in verschiedenen Öfen gemessen worden, die mit Generatorgas, Koksofengas, Teer oder Öl beheizt wurden. Die so gefundenen Werte schwanken von 1650° C bis 1850° C, liegen aber durchschnittlich nahe bei 1760° C. Diese Messungen wurden durch Anvisieren der breitesten und hellsten Stelle der Flamme mit einem optischen Pyrometer vorgenommen, wobei der Glühfaden der Vergleichslampe auf die flackernde Flamme während ihrer größten Helligkeit eingestellt wurde.

Diese Messungen können auf zweierlei Weise fehlerhaft sein: 1. Derartige scheinbare Temperaturen sind lediglich ein Maßstab für das Emissionsvermögen der stärksten Energiestrahlung, die von den Luft- und Gasmolekülen im Augenblick ihrer Reaktion abgegeben wird. Das Pyrometer mißt nur die Energie in einem schmalen Streifen des roten Teils des Spektrums. Die wahre gesamte Strahlungsenergie kann höher sein als die vom Pyrometer angezeigte, weil sie von Veränderungen im Emissionsvermögen (?) und in der Energieverteilung im Spektrum abhängig ist. 2. Derartige Beobachtungen können nur annähernd genau sein, und dies auch nur dann, wenn die Flammenschicht so stark ist, daß keine Strahlung von der Rückwand durch die Flamme hindurch auf das Pyrometer treffen kann. In der Regel entsprechen helle Öl- und Teerflammen angenähert dieser Bedingung, Gasflammen erreichen sie nur bei starken Gasschichten und guter Mischung, die eine rasche Verbrennung ergibt. Manche Flammenarten senden verhältnismäßig wenig sichtbare Strahlen aus, d. h. sie sind fast durchsichtig. Unter diesen Bedingungen erhält man sehr niedrige Ablesungswerte, die gewöhnlich den Temperaturen der Rückwand näher liegen als den wirklichen Flammentemperaturen.

Die Unterschiede in den Flammentemperaturen bei Verwendung verschiedener Brennstoffe werden fast ganz von diesen Meßfehlern überdeckt.

Man könnte jedoch vernünftigerweise fragen, ob man so einen einzigen bestimmten Wert erhält, der als die wahre Flammentemperatur in einem hocherhitzten Ofen, z. B. dem Siemens-Martin-Ofen, bezeichnet werden kann. Es ist hinreichend bekannt, daß Gasmoleküle im Augenblick der Verbrennung einen bestimmten Betrag sehr intensiver Energiestrahlung bei Temperaturen abgeben, die 140 bis 220° C höher liegen als die Durchschnittstemperaturen der Wände und der Schlackenoberfläche im Ofen. Die mittleren Temperaturen der ganzen Verbrennungsgasmenge in der Flammenschicht sind wahrscheinlich stets niedriger als die Temperaturen, die der Größe der Strahlungsenergie der Gase bei ihrer Verbrennung entsprechen.

d) Temperaturen in den Kammern.

Die Vergleichstemperaturen in den oberen Schichten des Gitterwerks eines basischen 50 t Ofens wurden mit einem optischen Pyrometer und außerdem mit einem Chromel-Alumelthermoelement gemessen. Nimmt man an, daß das Thermoelement die wahren Temperaturen der Steinoberflächen liefert, so zeigen die Meßergebnisse, daß die optischen Temperaturmessungen in den Perioden zu hoch waren, in denen heiße Gase das Gitterwerk erhitzten, und annähernd richtig dann, wenn die Verbrennungsluft an den heißen Steinen erhitzt wurde. In der Periode der Lufterhitzung sind die Steine heißer als die sie umgebende Luft. Da die Luft praktisch durchsichtig ist, mißt das optische Pyrometer ausschließlich die Strahlung der Steine, ohne durch die kühlere Luft beeinflußt zu werden. Streichen jedoch die heißen Abgase durch die Kammern, so sind die Steine kühler als die Gase, letztere sind immer etwas leuchtend. Ein Teil der in das Pyrometer fallenden Strahlung rührt von den heißeren Gasen her, die gemessenen Steintemperaturen sind deshalb zu hoch. Dieses Leuchten hat seine Ursache in ihrem Gehalt an feinem Flugstaub oder in einer noch unbekannten Strahlung einzelner Bestandteile dieser Gase.

Wie in den Ausführungen über die Flugstaubablagerungen in den Kammern in Kapitel III gezeigt wurde, wechseln die Höchsttemperaturen der Kammern in verschiedenen Öfen sehr. Die Form der Ablagerungen wechselt von der einfachen Ablagerung eines lockeren Pulvers auf den Steinen bis zu vollständiger Wechselwirkung und Verschmelzung zwischen den Steinen und den Staubablagerungen bei sehr hohen Kammertemperaturen. Der für heutige Öfen in Betracht kommende Temperaturbereich könnte nur durch Zusammenstellung einer großen Anzahl von Messungsergebnissen festgestellt werden, auf Grund von Dauermessungen der wahren Temperaturen in einer Anzahl von Stahlwerken. Die wichtigste Aufgabe besteht hier darin, den kritischen Temperaturbereich zu bestimmen, oberhalb dessen die Flugstaubablagerungen mit den verschiedenen feuerfesten Baustoffen Schmelzflüsse bilden und sie korrodieren. Dies kann später durch Laboratoriumsmessungen festgestellt werden. Für Gittersteine aus Schamotte und Silica würde dieser Temperaturbereich ziemlich zutreffend auf rd. 1370 bis 1430° C zu schätzen sein.

7. Schlußfolgerungen
in bezug auf Temperaturen und Wärmefluß.

1. Messungen an der Herdseite des Ofenraums mit einem optischen Pyrometer durch enge Schaulöcher scheinen wahre Temperaturen zu ergeben, wenn sich zur Zeit der Messung keine Flammen im Ofen befinden. Sind dagegen Flammen im Ofen vorhanden, so reflektieren die Wände die Strahlung der Flamme und die Messungen werden zu hoch. Dieser Fehler kann 11 bis 166° C betragen.

2. Die Kurven des Temperaturgefälles in den Ofenwänden ergeben Temperaturschwankungen von 550 bis 720° C an der Herdseite des Schmelzraums. Diese Schwankungen treten besonders in den Perioden des Herdflickens zwischen den Schmelzungen auf, wo sich die Wände und das Gewölbe oft von 1593 bis auf 983 oder 1038° C abkühlen. Diese Schwankungen verursachen „Kühlwellen“, welche langsam durch das Gewölbe fortschreiten, aber in der Hauptsache abgeklungen sind, ehe sie die äußeren Wandflächen erreichen.

3. In der Regel zeigen die Wandtemperaturen innen und außen die Neigung, sich unabhängig voneinander zu ändern, sie stehen also in keiner direkten Beziehung zueinander. Die Temperaturen der Herdseite scheinen von den Temperaturen während des Einschmelzens und des Fertigmachens bestimmt zu sein; die Außentemperaturen stellen sich hauptsächlich nach der Abkühlungsgeschwindigkeit durch Luftzirkulation ein.

4. Es besteht eine starke Neigung nach einem Ausgleich der Temperaturen in den verschiedenen Teilen des Herdraums. Sie wird durch den raschen Wärmeaustausch durch Strahlung zwischen diesen Oberflächen bei den hohen Arbeitstemperaturen des Stahlofenprozesses verursacht.

5. Während einer Schmelzung bleiben die Gewölbe- und Wandtemperaturen normalerweise fast gleich, die Schlackenoberfläche ist 28 bis 56° C kälter, ausgenommen zur Zeit kurz vor dem Abstich. In der Zeit zwischen zwei Schmelzungen kühlen sich Herd, Gewölbe und Seitenwände mit derselben Geschwindigkeit ab.

6. Der Beginn der Erweichung der inneren Zone flußmittelgesättigter Silicasteine scheint bei etwa 1620 bis 1650° C zu liegen. Unmittelbar darüber beginnt der Stein zu fließen und langsam herabzutropfen. Bei weiterem Erhitzen bis ungefähr 1655° C und darüber nimmt die Geschwindigkeit des Schmelzens stark zu; eine Wand kann dann in kurzer Zeit durchgebrannt sein. Die Temperaturhöhe dieses Erweichungsintervalls ist maßgebend für die praktische obere Grenze von Ofentemperaturen. Im Betriebe werden alle Öfen zeitweise so stark überhitzt, daß ein gewisser Grad von Schmelzung der Silicagewölbe und Silicaseitenwände eintritt. Die untere Grenze der Ofentemperaturen ist bei rd. 1480° C durch den Schmelzpunkt des Stahls festgelegt, sodaß ein ziemlich enger Temperaturbereich für die Arbeitstemperaturen im Siemens-Martin-Ofen mit Silicagewölbe übrig bleibt.

7. Öfen mit gesteigertem Ausbringen arbeiten normalerweise mit Höchsttemperaturen des Gewölbes und der Seitenwände von 1527 bis 1621° C. Öfen, die schwach betrieben werden, entweder weil sie geschont werden, oder weil das Gitterwerk verstopft ist usw., arbeiten bei 1480 bis 1540° C. Im allgemeinen sind die Brennerrückwände 55 bis 110° kälter als die Wände des Herdraums, ausgenommen bei den Öfen mit sehr langer Flammenentwicklung. Die Temperaturen in den Schlackenkammern und Wärmespeichern schwanken in weiten Grenzen, und zwar gewöhnlich von 1205 bis 1430° C.

(Der Vorgang des Wärmeflusses im Ofenraum wird in Kapitel VI weiter besprochen werden, und zwar zusammen mit der Isolierung von Siemens-Martin-Öfen, der Wasserkühlung u. a.)

V. Wahrscheinliche Ursachen für das Versagen feuerfester Baustoffe in Siemens-Martin-Öfen.

1. Allgemeines.

Auf Grund der verschiedenartigen Einwirkungen auf die feuerfesten Baustoffe sind beim Siemens-Martin-Ofen folgende Ofenteile zu unterscheiden: 1. Gewölbe des Herdraums, 2. Seitenwände, 3. Herd, 4. Köpfe der Brennerrückwände und Wandungen der Züge und 5. Wärmespeicher. Einige Einwirkungen kommen für alle Teile des Ofens in Betracht. Die in den Gasen schwebenden Oxydteilchen werden in wechselnden Mengen auf fast allen Teilen des Ofeninnern abgelagert. Diese Teilchen bestehen hauptsächlich aus Eisenoxyden mit 1 bis 20 Proz. Kalk, je 0,5 bis 3 Proz. MnO, MgO und Al_2O_3 und annähernd 1 bis 6 Proz. Kieselsäure. Praktisch kann man diese Flußmitteloxyde als eine Verbindung von Eisenoxyd (gewöhnlich von der annähernden Zusammensetzung des Fe_3O_4) mit einem in verschiedenen Öfen wenig wechselnden Kalkgehalt betrachten.

Die Flußmittel greifen alle Steinoberflächen vom Gewölbe bis zum Gitterwerk an, wobei der verschiedene Grad des Angriffs hauptsächlich durch die Temperatur und die Menge des Flußmittels bedingt ist. In den zur Zeit im Gebrauch befindlichen Siemens-Martin-Öfen besteht die Zustellung, die mit den mit Flußmitteln beladenen Feuergasen in Berührung kommt, vorwiegend aus Silicamaterial, ausgenommen die Wärmespeicher, in denen gewöhnlich Schamottesteine verwendet werden. Bei niedrigen Temperaturen lagert sich der Staub einfach auf der Steinoberfläche als mehr oder weniger gesinterte Schicht ab, dies bedeutet den normalen Zustand des Gitterwerks nach einer Ofenreise. Bei höheren Temperaturen, wahrscheinlich von 1430 bis 1455° C ab, verbinden sich die basischen Flugstaubteilchen mit dem Silicastein zu einer flüssigen Schlacke, die zunächst in das poröse Steingefüge eindringt. Diese Sättigung des Mauerwerks tritt ziemlich früh, d. h. schon in den ersten 8 bis 10 Tagen einer Ofenreise ein.

Nachdem sich die im Ofen nach innen liegenden Zonen der Steine mit Flußmitteln gesättigt haben und vollständig umkristallisiert sind (vgl. die Ausführungen über das zonale Gefüge in Silicasteinen in Kapitel III), beschränkt sich der Schlackenangriff auf die Steinoberfläche, und die gebildete Schlacke korrodiert lediglich die Oberfläche des Steins fort. Es handelt sich also um eine typische, verschlackende Wirkung, die im Gewölbe wie in den Seitenwänden und in der Gegend der Brennerenden des Ofens vor sich geht.

Bei den höheren Oberflächentemperaturen des Gewölbes und der Wände des Herdraums und gewöhnlich auch in den oberen Teilen der Brennerrückwände, die der Strahlung vom Schmelzbade her ausgesetzt sind, scheint die gebildete Schlacke ganz flüssig zu sein, sie wäscht das Mauerwerk aus, wobei sie nur eine dünne schwarze Glasurschicht auf der Wandoberfläche zurückläßt. Bei niedrigeren Temperaturen, wie sie in den Wandungen der Züge und den Schlackenkammern vorkommen, wird die Schlacke gewöhnlich viscoser und fließt in dicken Lagen langsam über die Wandflächen.

Diese verschiedenartigen Einwirkungen auf die Zustellung durch den oxydhaltigen Flugstaub in den Ofengasen sind von besonderer Bedeutung, weil sie eine unvermeidliche Erscheinung beim ganzen Stahlschmelzprozeß im Siemens-Martin-Ofen darstellen.

Die Verdampfung von Metallen, das Spritzen des Schmelzbades, das Verstäuben von Kalk, Dolomit usw. wird aus dem Schmelzbade immer eine bestimmte Menge sehr feinen Oxydstaubs bilden, der durch die sich rasch bewegenden Feuergase im Ofen auf die Oberfläche der Zustellung transportiert wird. Hier sind außerdem andere wichtige Ursachen für die Zerstörung, z. B. Absplittern und Schmelzen der Steine bei Überhitzung der Wände, zu suchen. Aber diese Ursachen sind bis zu einem gewissen Grade der Kontrolle durch richtige Bauart und Betriebsführung zu beeinflussen. Zum besseren Verständnis erscheint es zweckmäßig, die verschiedenartige Einwirkung des Flugstaubs auf die feuerfesten Baustoffe als die normale Art der Zerstörung und Abnutzung zu betrachten, weil sie mit den Eigenheiten des Siemens-Martin-Verfahrens eng zusammenhängt. Bei der Beschreibung des Verlaufs der Abnutzung verschiedener Ofenzonen während des Betriebes können wir demnach zunächst diesen sogenannten normalen Abnutzungsvorgang durch Flußmittelangriff besprechen und dann die anderen Arten aufführen, welche durch Abschmelzung, Absplittern, Erweichung unter Belastung usw. verursacht werden.

a) Das Gewölbe des Schmelzraums.

Wenn ein neues Silicagewölbe in Betrieb genommen wird, bestehen die Steine hauptsächlich aus einem festen Netzwerk kristalliner Kieselsäure, welches 25 bis 30 Proz. Poren enthält. Von Anfang der Stahlherstellung an beginnen aus dem Schmelzbade feine basische Oxydteilchen zu verstäuben, die durch die Feuergase auf die Gewölbeoberfläche transportiert werden. Sie verbinden sich an den heißen Gewölbesteinen mit der Kieselsäure und bilden einen Schmelzfluß, der bei den Temperaturen des Ofens flüssig ist und in dem Maße, wie er sich bildet, von den porösen Gewölbesteinen aufgesaugt wird. Die Steinmasse fängt außerdem an, zu einem dichteren homogenen Gefüge umzukristallisieren. Dieser Vorgang geht in den ersten 5 bis 10 Tagen der Ofenreise vor sich, dann nähert sich die Steinmasse dem Zustande der Sättigung mit Flußmitteln und einem Gleichgewichtszustand bei der Ofentemperatur (vgl. die Beschreibung der Veränderungen in Gewölbesteinen im Kapitel III). Nach einer Annäherungsrechnung, die in Kapitel II gegeben wurde, beträgt das tatsächliche Gewicht der zur Sättigung der Gewölbesteine in einem 50 t Ofen erforderlichen Oxyde aus der Schmelze 2 bis 3 t. In der ersten Periode von 5 bis 10 Tagen, in der die Steine die flüssige Schlacke, die sich an ihrer Oberfläche gebildet hat, aufsaugen, bleiben die Ecken und Kanten scharf und kantig wie an einem ungebrauchten Stein. Wenn das Gewölbe mit der Schlacke gesättigt ist und sich in einem stabilen Gleichgewicht befindet, kommen die Oxydteilchen nur auf seine Oberfläche und lösen Kieselsäure aus dem Stein heraus. Die sich so bildende flüssige Masse wird vom Gewölbe nicht weiter aufgenommen, sondern erzeugt eine flüssige Glasur auf den Steinflächen, welche herabtropft oder am Gewölbe und an den Seitenwänden herabrinnt. So ergibt sich eine fortschreitende Korrosion der Steinoberflächen.

In der Regel verläuft diese Korrosion ziemlich gleichmäßig über das ganze Gewölbe hin. In manchen Öfen wird die Gegend nach dem Ofenkopf zu oder am Abstichloch in der Mitte etwas rascher abgeschmolzen als der übrige Teil des Gewölbes. Diese Unterschiede sind wahrscheinlich von den Wegen abhängig, welche die Feuergase im Schmelzraum nehmen. Wenn die Feuergase vom Schmelzbade her einen bestimmten Gewölbeteil stärker bestreichen, werden auch mehr Flußmittel an das Mauerwerk an dieser Stelle herantransportiert, um so schneller verläuft auch die Korrosion.

Das Gewölbe liegt hoch über dem Weg der Feuergase und bleibt außer Berührung mit dem Hauptstrom der Gase, sodaß wahrscheinlich weniger Flußmittel auf seine Oberfläche gelangen als an irgendeinen anderen Teil des Ofens. In keinem gut konstruierten Ofen kommt es vor, daß ständig Stichflammen auf einen bestimmten Punkt des Gewölbes treffen, höchstens bilden sich durch Zufall Gaswirbel, die von unten her aus der heißeren Zone aufsteigen und den feineren Oxydstaub ganz gleichmäßig nach allen Teilen der Gewölbeoberfläche transportieren.

Der normale Verschleiß der Gewölbezustellung, wie er oben beschrieben wurde, schreitet bei allen Arbeitstemperaturen ständig fort, solange der Ofen heiß genug zur Stahlerzeugung ist, d. h. bei einer Gewölbetemperatur von mindestens 1510° C. Bei dem Streben nach höchstmöglicher Steigerung der Stahlherstellung wird in den Öfen jedoch gewöhnlich mit Temperaturen gearbeitet, die dicht unter dem Schmelzpunkte der Silicazustellung liegen. Die Betriebstemperaturen der Gewölbeoberflächen betragen 1580 bis 1620° C. An Teilen des Gewölbes, die über rd. 1650° C heiß werden, beginnt die Zustellung zu erweichen und langsam ins Schmelzbad herabzutropfen. Diese Überhitzung und Abschmelzung tritt zu gewissen Zeiten in fast allen Öfen auf. Manchmal wird ein Gewölbe gleichmäßig überhitzt und tropft an seiner ganzen Oberfläche ab. Gewöhnlich werden eine oder mehrere Stellen über die Durchschnittstemperatur des Gewölbes erhitzt; das wird dann die Ursache für einen schnelleren Verschleiß und die Bildung von Ausfressungen an diesen Gewölbeteilen. Der Hauptteil der Wärme wird auf das Gewölbe durch Strahlung übertragen, was im allgemeinen eine sehr gleichmäßige Temperatur an der ganzen Oberfläche zur Folge hat. Ein anderer Teil der Wärme wird jedoch durch Konvektionsströme heißer Gase, die aus der Flamme emporsteigen, übertragen. Diese Wärmeübertragung durch Konvektion ist häufig begrenzt auf bestimmte Stellen, welche ständig von Gasströmen von unten her bestrichen werden. Wenn das gesamte Gewölbe durch Strahlung auf 1590 bis 1620° C erhitzt ist, erreichen diese Stellen leicht um 42 bis 56° C höhere Temperaturen, die Steine fangen dann an diesen Stellen an, herabzutropfen.

Häufig ist unter derartigen, zu gleicher Zeit im Ofen wirkenden verschiedenen Ursachen die unterschiedliche Art der Wärmeübertragung wahrscheinlich der Hauptanlaß von örtlichen Überhitzungen und Aushöhlungen im Gewölbe.

In fast jedem Gewölbe springen die Teile der Steine nach der Herdseite zu im Verlaufe der Ofenreise ab. Wenn diese Teile nicht durch das umliegende Mauerwerk festgehalten werden, fallen sie in das Schmelzbad und hinterlassen im Gewölbe Hohlräume. Die den Hohlraum einschließenden Steine verlieren an Halt, werden ungleichmäßig erhitzt, bald darauf splittern sie ab; in vielen Fällen erweitert sich der Hohlraum. Die Wirkung ist dann dieselbe, wie wenn dieser Teil des Gewölbes durch Abschmelzen dünner geworden wäre.

Zusammenfassung der Ursachen für die Abnutzung des Gewölbes.

Die vorstehenden Ausführungen zeigen, daß die Abnutzung des Gewölbes kein einfacher Vorgang, sondern die Summe folgender Einzelvorgänge ist: 1. Umkristallisieren der Kieselsäure und Sättigung der Steine an der Herdseite mit Flußmitteln, wobei sich ein bestimmtes zonales Gefüge bildet, das durch das Temperaturgefälle im Gewölbe bedingt ist; 2. Langsame Korrosion der Herdseite des Gewölbes durch die Flußmitteloxyde; diese verbinden sich mit der Kieselsäure zu einer flüssigen Schlacke, welche das Gewölbe ausspült und eine dünne, schwache Glasur auf den Steinen hinterläßt; 3. Abschmelzen der Steine an begrenzten Stellen oder über das ganze Gewölbe hin, verursacht durch reine Überhitzung (diese Wirkung ist unabhängig von der langsamen Korrosion der Oberfläche durch die Flußmittel) und 4. Bildung von örtlichen Aushöhlungen durch Absplittern.

Es ist möglich, daß das Absplittern durch die Verwendung sauber geformter Steine und sorgfältige Arbeit bei der Zustellung des Gewölbes weitgehend vermindert werden kann. Überhitzung und Abschmelzen kann nur durch sorgfältige Temperaturregelung und durch Verminderung der Durchsatzzeit beträchtlich vermindert werden. Die einzige, noch übrigbleibende Ursache des Verschleißes würde dann die Korrosion der Oberfläche durch Flußmitteloxyde sein, welche aber wahrscheinlich nicht beeinflußt werden kann. Das Silicagewölbe würde dann langsamer und gleichmäßiger abgenutzt werden; die Lebensdauer könnte zwei- oder dreimal höher als die jetzige von durchschnittlich 125 bis 140 Tagen sein; sie bliebe aber auch dann immer noch begrenzt.

b) Seitenwände.

Aus Silicasteinen zugestellte Vorder- und Rückwände des Schmelzraums nutzen sich fast immer rascher ab als das Gewölbe. 2 bis 3 Wände entsprechen in der Lebensdauer einem Gewölbe. Die Betriebsbedingungen sind denen im Gewölbe sehr ähnlich. Die von den Verfassern ausgeführten Temperaturmessungen, die für Wände und Gewölbe ähnliche Ergebnisse lieferten, ergaben, daß die schnellere Abnutzung der Zustellung in den Seitenwänden nicht einer höheren Temperatur zugeschrieben werden kann. Die Umkristallisation und die Sättigung der Steine mit Flußmitteln tritt hier in derselben Weise wie im Gewölbe auf. Die Zunahme der Oberflächenkorrosion durch Flußmittelangriff erfolgt jedoch wahrscheinlich rascher als im Gewölbe. Außer den kleinen Oxydteilchen, die von den Feuergasen mitgeführt werden, trifft etwas Schlacke das Mauerwerk direkt durch Heraufspritzen aus dem Schmelzbade, insbesondere an den unteren Teilen der Seitenwand. Diese Teile unterliegen oft einer örtlichen Zerstörung und erfordern vorzeitig Ersatz wegen der Gefahr, daß eine Wand in die Schmelze stürzt. Ein Teil der auf dem Gewölbe gebildeten Schlacke läuft über die Seitenwände herab und nimmt dort noch Kieselsäure aus der Zustellung auf, so daß sich an diesen Stellen der Grad der Abnutzung noch erhöht.

Das Abschmelzen und Absplittern tritt hier in derselben Weise wie am Gewölbe auf mit der Ausnahme, daß der Anteil des Absplitterns an der Zerstörung der Vorderwand so groß ist, daß er als überwiegende Ursache der Zerstörung angesehen werden kann. Dies rührt von den Einsatztüren her. Rings um diese Öffnungen ist die Zustellung oft sehr schroffen Abkühlungen durch ein- und ausströmende Luft ausgesetzt. Das hierdurch bedingte Absplittern bildet zusammen mit rascher Verschlackung eine sehr starke Betriebsbeanspruchung der Vorderwände der meisten Öfen. Bei den Rückwänden spielt das Absplittern keine so große Rolle. Die mechanische Abnutzung durch Anstoßen der Mulden und großer Schrottstücke ist in manchen Öfen so stark, daß sie ebenfalls als beachtenswerte Zerstörungsursache anzusehen ist.

c) Köpfe der Brennerrückwände und Wandungen der Züge.

Verglichen mit dem Gewölbe ist die Beanspruchung in diesem Ofenteil eine andere, insbesondere deswegen, weil hier die Temperaturen etwas niedriger sind und größere Mengen von Oxydteilchen von den Feuergasen an die Zustellung gebracht werden. Die Flächen der Kopfwände sind der direkten Flammenstrahlung ausgesetzt und werden heißer (1480 bis 1540° C) als die anderen Stellen dieses Ofenteils. In manchen Fällen, wenn im Ofen lange Flammen auftreten, welche bis in die absteigenden Züge hineinziehen, werden diese Oberflächen so stark erhitzt, daß Abschmelzen der Zustellung eintritt. In der Regel sind sie jedoch kühler als das Gewölbe. Da nun die Gewölbetemperatur maßgebend für den ganzen Ofenbetrieb ist, wird die Kopfwand praktisch immer unterhalb der Schmelztemperatur von Silicasteinen bleiben. Mit Ausnahme der Gewölbe über den Brennerkanälen kommt Absplittern für diesen Ofenteil weniger in Frage. Wenn diese Gewölbe aus Silicamaterial zugestellt werden, tritt Absplittern in demselben Maße auf wie im Gewölbe des Schmelzraums. Die durch Absplittern im Brennergewölbe entstehenden Aushöhlungen sind bedenklich, weil sie Wirbel in den eintretenden Flammengasen hervorrufen.

Das Brennerende unterscheidet sich vom Gewölbe hauptsächlich dadurch, daß seine Wände in direkte und innige Berührung mit dem Hauptstrom der Feuergase kommen, die mit Flugstaub beladen aus dem Schmelzraum abziehen. Hieraus ergibt sich eine verstärkte Korrosion durch Flußmittel. Es ist eine häufig aufgeworfene Frage, ob diese Korrosion als ein einfacher Verschlackungsvorgang zu betrachten ist, der allein auf chemischer Wechselwirkung beruht, oder ob es sich um eine verstärkte Abnutzung handelt, die durch ein Zusammenwirken von Verschlackung und mechanischem Abrieb der Steine verursacht wird. Es trifft zu, daß die Gase auf die Steinoberfläche mit hoher Geschwindigkeit (20 bis 30 m/sec) auftreffen und kleine feste oder halbflüssige Teilchen gegen diese Oberfläche schleudern. Eine nähere Betrachtung ergibt jedoch, daß mechanischer Abrieb in dem üblichen Sinne des Wortes wahrscheinlich keinen Einfluß auf den Korrosionsgrad dieser Wände hat. Die Verfasser sind der Ansicht, daß die aus der Wechselwirkung zwischen den Oxydteilchen und der Zustellung gebildeten Schlacken in der Hauptsache dieselbe Zusammensetzung haben, ob sie nun an den Schmelzraumwänden oder im Brenner gebildet werden. Beim Auftreffen auf die Wände schmelzen die Oxyde von Eisen, Mangan und Kalk, wobei sie Kieselsäure bis zur annähernden Sättigung bei der betreffenden Temperatur aufnehmen. Die Staubteilchen bilden eine weiche, teigige Schicht auf der Wandoberfläche, bleiben dort haften, werden aufgesaugt und erhöhen die Dünnflüssigkeit dieser Schlacke, die dann langsam an den Wänden herunterläuft. Die Temperatur und die Menge der auf das Mauerwerk treffenden Flußmitteloxyde sind die ausschlaggebenden Faktoren, die für die Stärke der Korrosion maßgebend sind. Die Bezeichnung „chemischer Abrieb"*) kann auf die Form der Korrosion dieser Wände angewendet werden; die Wirkung ist jedoch ganz verschieden vom Abrieb fester Körper oder von der Wirkung eines Sandstrahlgebläses.

C. L. Kinney jr. von der Illinois Steel Co. hat folgendes beobachtet:

Ein Ofen, der für eine kleinere Geschwindigkeit der Feuergase von 12 bis 15 m/sec umgebaut und früher mit einer Geschwindigkeit von 23 bis 27 m/sec betrieben worden war, zeigte eine merklich verringerte Abnutzung an den Kopfwänden, insbesondere an dem Gasbrenneraustritt. In ähnlicher Weise erforderte ein Ofen mit ungewöhnlich viel Raum über und neben den aufsteigenden Luftzügen von großem Querschnitt 80 Proz. weniger Ausbesserungen an den Kopfwänden als bei Luftzügen kleineren Querschnitts; außerdem war die Ansammlung von Schlacke in den Schlackenkammern verhältnismäßig kleiner. Die Bezeichnung Abrieb mag in streng technischem Sinne nicht ganz korrekt sein, aber wenn der Verschleiß an der feuerfesten Zustellung an diesen Ofenteilen in überwiegender Weise hohen Gasaustritts-

---

*) „Abrasive fluxing."

geschwindigkeiten zugeschrieben wurde, so würde dieser Begriff dem Ofen-
bauer eine klarere Vorstellung geben als das Wort „chemischer Abrieb".
Man kann wohl von einem ausgesprochenen Einfluß der Gasgeschwindigkeit
auf die Ablagerung von Flugstaub im Ofen sprechen, bei der Schwierigkeit
des Beweises seines Vorhandenseins kann man als wahrscheinlich annehmen,
daß hohe Austrittsgeschwindigkeiten der Feuergase an den Brücken, wenn sie
nicht vor Eintritt der Feuergase in die Kammern verringert werden, Wirbel
oberhalb des Gitterwerks hervorrufen. Dabei werden größere Mengen Flugstaub auf den obersten Lagen des Gitterwerks abgelagert und die Zwischenräume im Gitterwerk vorzeitig verkleinert. Derartige Gaswirbel beeinflussen
auch stark die Wärmeverteilung in den Kammern.

In dem unteren Teil der absteigenden Züge und in den Schlackenkammern sind die Temperaturen niedriger, sie erreichen die untere Grenze,
bei welcher Eisenoxyd und Kalk noch mit Kieselsäure einen Schmelzfluß
bilden. Die Schlackenschicht auf den Wänden wird zähflüssig. In der Regel
sind die Schlackenablagerungen fest, wenn die Schlackenkammern von unten
her luftgekühlt werden. Die Kammern sind noch kühler, ihre Höchsttemperaturen liegen bei 1370 bis 1430° C. Hier werden deshalb die Oxyde aus den
Feuergasen auf der Zustellung im festen Zustande ohne Bildung von Schmelzflüssen abgelagert, wenn nicht ausnahmsweise die Kammern überhitzt werden.

2. Silicasteine im Siemens-Martin-Ofen.

Die Flußmitteloxyde in den Gasen dringen in die Wände in jedem Teil
des Ofens ein, gleichwohl werden meist Silicasteine für diese Wände verwendet.
Chemisch ist dieser Stein überhaupt nicht für die Beanspruchung im Ofen
geeignet. Er wird tatsächlich als ein Notbehelf in Ermangelung eines anderen
preiswerten feuerfesten Baustoffs verwendet, welcher der Beanspruchung
im Ofen besser entsprechen würde. Kieselsäurerohstoffe sind reichlich vorhanden und billig. Der Stein hält Druckbeanspruchung bei Temperaturen
bis nahe an seinen Schmelzpunkt aus und besitzt eine größere Widerstandsfähigkeit gegen Temperaturwechsel bei den Temperaturbedingungen im
Siemens-Martin-Ofen als die meisten anderen üblichen feuerfesten Baustoffe,
mit Ausnahme von Schamottesteinen. Silicasteine bilden jedoch sehr bald
mit den Oxydteilchen aus den Gasen Schmelzflüsse. In den heißeren Partien
des Ofens hängt die Geschwindigkeit der Korrosion der Silicawände fast
ganz davon ab, in welchen Mengen Flußmittel auf ihre Oberfläche gelangen.
Der Schmelzpunkt des Silicasteins (ungefähr 1690° C) liegt nicht hoch genug
über den mittleren Ofentemperaturen (ungefähr 1590° C), um einen genügenden Sicherheitskoeffizienten für den Betrieb zu gewährleisten. Das
Abschmelzen der Zustellung des Gewölbes und der Seitenwände ist etwas
Gewohntes, die Schmelzleistung der meisten Öfen wird in ausschlaggebendem
Maße durch diese Schmelztemperatur begrenzt. Wenn ein Ofen nicht so
konstruiert ist, daß seine inneren Wandflächen gleichmäßig heiß werden, so
überhitzen sich einzelne Stellen leicht, selbst wenn der größte Teil der Zu-

stellung nicht über die normalen Temperaturen hinauskommt. Unter diesen Umständen erfordern diese Teile des Ofens, die mit Silicasteinen zugestellt sind, selbst bei aller Sorgfalt in Aufbau und Bedienung häufigen Ersatz.

Es wird nicht möglich sein, die Qualität der Silicasteine merklich zu verbessern. Eine naheliegende Verbesserung würde darin bestehen, für die Steine Maschinenpressung an Stelle der Formung von Hand einzuführen. Diese Umstellung nimmt zur Zeit bereits ihren Anfang. *Bradshaw* und *Emery*[9]) haben experimentell die Überlegenheit von Maschinensteinen, die in anderen Eigenschaften handgeformten Steinen ähnlich waren, in bezug auf Druckfestigkeit im kalten Zustande nachgewiesen. Außerdem sind Maschinensteine viel glatter und gleichmäßiger in Form und Größe. Die Verwendung sorgfältig geformter Steine kann von erheblichem Wert sein, insbesondere in Verbindung mit einem sorgfältigen Entwurf und Aufbau des Ofens. Das Gewölbe kann mit knirschenden Fugen aufgebaut werden, so daß abgeplatzte Stücke weniger leicht aus dem Gewölbe herausfallen können. Sorgfältig aufgemauerte Wände mit ganz engen Fugen vermindern ferner das Einströmen von Falschluft und das Austreten von Feuergasen aus dem Ofen. Auch die Verwendung für diesen Zweck besonders hergestellter Gewölbesteine mit Falzen ist vorgeschlagen worden, um das Herabfallen abgeplatzter Steinstücke aus dem Gewölbe zu verhindern.

Die einzige, außerdem noch mögliche Verbesserung der Silicasteine bestände darin, die Steine aus zu Tridymit vorgebranntem Silicamaterial herzustellen und so schließlich einen Stein zu erhalten, der bei kleiner Porosität im wesentlichen aus Tridymit besteht. Ein solcher Stein würde eine größere Widerstandsfähigkeit gegen Absplittern besitzen. Die wenig poröse Steinmasse würde weniger Flußmittel aufsaugen, so daß sich sein wirklicher Schmelzpunkt um ungefähr 33 bis 43° C erhöhen würde. (Vgl. hierzu die Ausführungen über die Schmelztemperaturen der verschiedenen Steinzonen im Kapitel III.)

Somit ergibt sich die Tatsache, daß der Silicastein bestimmte Grenzen in seiner Anpassungsfähigkeit an die Beanspruchung im Siemens-Martin-Ofen besitzt. Außer seiner raschen Zerstörung bei der zur Zeit normalen Betriebsbeanspruchung im Siemens-Martin-Ofen behindern die besonderen Eigenschaften des Silicasteins sehr stark die Weiterentwicklung des Ofens in der Steigerung der Produktion an Stahl und in der Verbesserung des Ofenwirkungsgrades. Sein Schmelzpunkt liegt nur 55 bis 83° C über den durchschnittlichen Betriebstemperaturen bei der Stahlherstellung. Die Flammentemperaturen und die Wärmezufuhr sind auf diese Weise durch einen sehr kleinen Sicherheitskoeffizienten begrenzt, da die an sich aussichtsreiche Isolierung der Wände an Stellen hoher Temperatur im Ofen hier eine bedenkliche Maßnahme ist. (Vgl. die Ausführungen über Isolierung im Kapitel VI.)

3. Magnesit, Chromit und andere feuerfeste Baustoffe im Siemens-Martin-Ofen.

Totgebrannter Magnesit und Magnesitsteine sind natürlich für den Gebrauch in basischen Öfen gut geeignet. Ihr basischer Charakter und ihr hoher

Schmelzpunkt sind die wichtigsten Eigenschaften für diese Teile des Ofens. Magnesitsteine splittern zu stark, um an senkrechten Wänden Verwendung finden zu können. Diese Neigung zum Abplatzen in Verbindung mit mangelnder Druckfestigkeit bei hohen Temperaturen schließt die Verwendung von Magnesitsteinen im Gewölbe vollständig aus. In schrägen Wänden genügen sie den Anforderungen noch einigermaßen, weil sie hier mit gebranntem Magnesit oder Dolomit ausgeflickt werden können.

Chromitsteine besitzen viele der guten Eigenschaften, aber auch der Nachteile des Magnesits. Ihre Widerstandsfähigkeit gegen Temperaturwechsel ist allerdings größer; sie zeigen auch weniger Neigung, mit Silicasteinen bei hohen Temperaturen Schmelzflüsse zu bilden, sodaß sie mit recht gutem Erfolg in senkrechten Seitenwänden verwendet werden können. Verglichen mit Silicasteinen, besitzt der Chromitstein eine viel größere Beständigkeit gegen Schlackenangriff und den Kalk- und Eisenoxydflugstaub aus den Feuergasen. Heute ist noch verhältnismäßig wenig über Chromitsteine und ihr Verhalten im Betrieb bekannt. Von den Problemen, die in dieser Richtung noch zu bearbeiten sind, seien hier folgende genannt: 1. Auswechslung von Chromitsteinen während des Betriebes im Siemens-Martin-Ofen, 2. Erweichung von Chromitsteinen unter schwacher Belastung bei den Temperaturen des Siemens-Martin-Ofens und 3. Ursachen des Absplitterns von Chromit- und Magnesitsteinen, Herstellung von Steinen mit größerer Widerstandsfähigkeit gegen Temperaturwechsel.

Schamottesteine sind scheinbar auf die Verwendung in den Kammern und Rauchkanälen beschränkt. Ihr Erweichungsverhalten unter Belastung bei hohen Temperaturen hätte, falls überhaupt ein Versuch gemacht würde, das Einstürzen mit Schamottesteinen zugestellter Gewölbe zur Folge, wenn etwa ein größerer Teil der Steine bis zu dem Temperaturgebiet seiner Erweichung erhitzt wird. Dieser Grad der Beanspruchung scheint im Schmelzraum und in den Brennergewölben vorhanden zu sein. Das Einstürzen würde schon bei niedrigeren Temperaturen an der Herdseite eintreten, wenn derartige Schamottegewölbe isoliert werden, weil dann die ganze Steinschicht fast bis zur Temperatur der Herdseite erhitzt würde. Somit könnten nichtisolierte Kammergewölbe ohne Gefahr aus Schamottesteinen hergestellt werden, isoliert man jedoch dieselben Gewölbe, so besteht die Gefahr des Zusammensinkens durch Erweichung der Schamottesteine unter Belastung. Schamottesteine werden ebenfalls durch die eisenoxyd- und kalkhaltigen Flußmittel aus den Feuergasen angegriffen. Sie scheinen sogar unter denselben Bedingungen noch leichter Schmelzflüsse zu bilden als Silicasteine. (Es sollten Laboratoriumsversuche angestellt werden, um die Einwirkung der im Siemens-Martin-Ofen vorhandenen Flußmittel auf die verschiedenen feuerfesten Stoffe bei verschiedenen Temperaturen vergleichend festzustellen.)

Bei hohen Temperaturen bilden sich im Schamottestein Mullitkristalle neben Kieselsäure oder SiO_2-haltigem Glas. Wenn der Gehalt an Tonerde in einer solchen feuerfesten Masse höher steigt als bei reinem feuerfesten Ton, so gehört die Masse in die Gruppe der tonerdereichen Steine, wie z. B. Cyanit-, Sillimanit- und Mullitsteine. Im Vergleich mit Schamottesteinen besitzen diese Massen einen höheren Gehalt an Mullitkristallen, sie zeigen ein besseres Verhalten unter Druckbelastung bei hohen Temperaturen. Die meisten von ihnen besitzen eine den Schamottesteinen ähnliche Widerstandsfähigkeit gegen Temperaturwechsel. Ein umkristallisierter Mullit- oder Mullit-Korundstein[56]) mit über 68 Proz. Tonerde kann durch Verwendung elektrisch geschmolzener Stoffe und durch hohen Brand unter Bildung eines umkristallisierten Bindemittels von derselben Zusammensetzung hergestellt werden. Ein solcher Stein hat sogar eine größere Druckfestigkeit bei hohen Temperaturen als ein Silicastein und besitzt außerdem einen höheren Schmelzpunkt. Seine Widerstandsfähigkeit gegen die Flußmittel und Schlacken im basischen Ofen scheint jedoch nicht viel besser zu sein als bei Silicasteinen. Er könnte wahrscheinlich gut für isolierte Wände oder Gewölbe in jedem Teil des Ofens gebraucht werden, würde aber allmählich durch Bildung von Schmelzflüssen zerstört werden.

Umkristallisierte Carborundum- oder „Refrax"-Steine sind sehr widerstandsfähig gegen Druck, Abschmelzen und Temperaturwechsel. Sie werden im Siemens-Martin-Ofen wahrscheinlich durch langsame Dissoziation und Korrosion durch eisenoxydreiche Flußmittel zerstört.

4. Hochfeuerfeste Baustoffe für den Siemens-Martin-Ofen.

Die Beanspruchung der feuerfesten Baustoffe im Siemens-Martin-Ofen ist besonders scharf wegen der vereinten Wirkung hoher Temperaturen und fortgesetzter Zufuhr von eisenoxyd- und kalkhaltigen Flußmitteln, die von den Feuergasen zu den Wänden transportiert werden. Auf der anderen Seite besteht für den Ofen ein empfindlicher Mangel an feuerfesten Stoffen, die die Anwendung höherer Flammentemperaturen sowie Isolierung der Wände zulassen und schnelleren Durchsatz sowie eine bessere Brennstoffausnutzung ermöglichen.

Umkristallisierte Mullitsteine z. B. könnten als Zustellung für Gewölbe benutzt werden. Ein derartiger Ofen könnte bei höheren Temperaturen arbeiten, weil Mullitsteine einen höheren Schmelzpunkt als Silicasteine haben. Das Gewölbe würde wahrscheinlich langsam durch die Flußmitteloxyde aus den Feuergasen korrodiert werden, dürfte jedoch wenigstens eine zwei- bis viermal so lange Lebensdauer besitzen als ein gewöhnliches Silicagewölbe. Das Spezialgewölbe würde aber kostspieliger sein, die höheren Kosten müßten durch eine längere Lebensdauer und durch erhöhtes Ausbringen an Stahl ausgeglichen werden. Ein wirklich hochfeuerfester Baustoff für einen solchen Betrieb sollte eine Beständigkeit gegen Temperaturwechsel und eine Druckfestigkeit bei hohen Temperaturen besitzen, die gleich oder besser ist als bei Silicasteinen, ferner einen höheren Schmelzpunkt und dazu noch eine bessere Widerstandsfähigkeit gegen Flußmittel oder andere Arten chemischen Angriffs. In den Seitenwänden, den Köpfen der Brennerrückwände usw. ist die Beständigkeit gegen Temperaturwechsel und Druckfestigkeit bei hohen Temperaturen weniger wichtig, der Widerstand gegen Flußmittel oder chemischen Angriff hingegen wichtiger als im Gewölbe.

Besonders wertvoll sind feuerfeste Spezialmassen für Verbesserungen der Ofenkonstruktion durch Isolierung, durch Verwendung mit Sauerstoff angereicherter Verbrennungsluft usw. (Vgl. hierzu die Ausführungen im Kapitel VI.) Diese feuerfesten Stoffe würden aber nur dann ganz zur Geltung kommen, wenn sie in verbesserten Öfen mit einem höheren Wirkungsgrad und einem gesteigerten Ausbringen Verwendung finden. Die Verfasser glauben, daß die Forschung mit der Herstellung neuer und verbesserter feuerfester Massen fortfahren sollte ohne Rücksicht darauf, ob derartige neue Massen von unmittelbarem praktischen Wert für den Siemens-Martin-Ofen heutiger Bauart sind.

5. Prüfverfahren für feuerfeste Stoffe zum Gebrauch in Siemens-Martin-Öfen.

Die Normenprüfungen für feuerfeste Baustoffe sind vielfach der wirklichen Beanspruchung in Siemens-Martin-Öfen sehr wenig angepaßt. Die nachfolgenden Bemerkungen mögen in diesem Zusammenhange als Anregungen dienen:

1. Eine Einteilung der feuerfesten Baustoffe nach Gleichmäßigkeit und Genauigkeit von Form und Größe würde den Einkauf wesentlich erleichtern. Genaue Einhaltung der Abmessungen der verwendeten Steine ist von größter Wichtigkeit beim Bau bestimmter Ofenteile.

2. Die Normenprüfung für die Druckerweichung bei hohen Temperaturen ist in vielen Fällen nicht dazu geeignet, eine bestimmte Art des Versagens nachzuweisen, nämlich die langsame Erweichung einer Masse unter verhältnismäßig geringer Belastung bei sehr hohen Temperaturen. Diese Art des Versagens dürfte von besonderer Wichtigkeit für isolierte Wände sein.

3. Es gibt kein brauchbares Prüfverfahren für die Messung des relativen Widerstandes verschiedener Massen gegen Schlackenangriff, und doch ist dies die wichtigste Ursache des Versagens feuerfester Stoffe im Siemens-Martin-Ofen. Die Ausarbeitung eines solchen Prüfverfahrens sollte eng mit einer genauen Erforschung der Reaktionen, Gleichgewichte usw. zwischen Eisenoxyd, Kalk und den verschiedenen feuerfesten Massen zusammengehen. Eine Verschlackungsprüfung für die Herdzustellung sollte nicht nur die schon gesättigte oder abfließende Schlacke in Betracht ziehen, sondern auch die verhältnismäßig reaktionsfähigere Schlacke, die sich während der früheren Perioden einer Schmelzung bildet, berücksichtigen.

4. Die Normenprüfung für die Widerstandsfähigkeit gegen Temperaturwechsel, die das Abschrecken erhitzter Steine in freier Luft als Prüfverfahren vorsieht, ist wahrscheinlich zu scharf im Vergleich zur Beanspruchung im Siemens-Martin-Ofen. Silicasteine z. B. splittern sehr stark bei niedrigen Temperaturen, sie scheinen jedoch im Siemens-Martin-Ofen, wo die Steintemperaturen in den Grenzen von 815 bis 1650° C schwanken, eine ziemlich gute Widerstandsfähigkeit gegen Temperaturwechsel zu besitzen.

VI. Einfluß der Ofenkonstruktion auf die Beanspruchung der feuerfesten Baustoffe.

Verbesserungen der feuerfesten Baustoffe, Erhöhung ihrer Lebensdauer, genauere Ofenkontrolle und Verbesserungen der Konstruktion und des Wirkungsgrades der Öfen, alle diese Faktoren stehen in enger Beziehung zueinander. Die besten Möglichkeiten für eine Verbesserung der Ofenkonstruktion sind von der Erfindung besserer feuerfester Baustoffe abhängig. Neue feuerfeste Baustoffe und neue Ofenausführungen werden ihren vollen Wert erst dann haben, wenn sie für Öfen angewendet werden, die auf eine bessere Ausnutzung der Wärme und eine Beschleunigung der Schmelzungen hin ausgebildet sind. Die Verfasser maßen sich nicht an, irgendwie maßgebliche Angaben über die Möglichkeiten und Wege zur Verbesserung der Bauart von Siemens-Martin-Öfen geben zu können, beim Studium der Beanspruchungen der feuerfesten Baustoffe im Betriebe sind ihnen aber manche Erkenntnisse gekommen, die wert sein dürften, hier näher besprochen zu werden.

1. Der Vorgang des Wärmeüberganges.

Theoretische Berechnungen und praktische Messungen der Flammenstrahlung haben ergeben[45]), daß etwa 90 Proz. der Wärme im Schmelzraum des Siemens-Martin-Ofens durch Strahlung übertragen wird. Die Flammenschicht sendet Strahlungsenergie von einer Intensität aus, welche Temperaturen von 1705 bis 1870° C entspricht. Diese Flamme trifft direkt auf das Schmelzbad und gibt etwas Wärme durch Konvektion ab. Der größte Teil ihrer verfügbaren Wärme wird jedoch auf die Wände, das Gewölbe und das Schmelzbad durch Strahlung übertragen. Das Schmelzbad nimmt einen großen Teil dieser Strahlung auf, besonders während der Zeit des Niederschmelzens, strahlt aber einen Teil davon auf das Gewölbe und die Wände zurück. Von der aus der Flamme auf die Wände und das Gewölbe durch Strahlung übergehenden Wärme geht ein Teil durch Leitung durch die Wände verloren, ein anderer Teil wird auf das Schmelzbad durch Strahlung übertragen. Die inneren Wandflächen des Herdraums besitzen während des größten Teils der Schmelzung Temperaturen zwischen 1480 und 1590° C. Bei derartigen Temperaturen besteht ein intensiver Wärmeaustausch zwischen diesen Oberflächen durch Strahlung, welche einen starken Einfluß in der Richtung auf einen Temperaturausgleich im ganzen Ofenraum auszuüben scheint. (Vgl. die

Ausführungen im Kapitel IV.) Die Oberfläche des Schmelzbades ist fast immer 17 bis 56°C kälter als das Gewölbe und die Wandflächen, ihr kommt dieser Wärmeaustausch zuletzt zugute.

Während des Einsetzens und des Niederschmelzens einer Charge nimmt das eingesetzte Metall sofort die Wärme auf, die auf seine Oberfläche durch Strahlung von der Flamme oder von den Wänden und dem Gewölbe übertragen wird. Gegen Ende der Einschmelzperiode ist die Schmelze mit einer verhältnismäßig nichtleitenden Schlackenschicht bedeckt, sie würde deshalb die Wärme aus der Flamme und von den Wänden sehr langsam aufnehmen, wenn nicht die Gase das Schlackenbad aufrühren würden und eine Wärmeübertragung von der Schlackenoberfläche auf das darunter befindliche Stahlbad durch Konvektion zustande käme. Außer der von der Flamme übertragenen Wärme wird eine beträchtliche Wärmemenge im Schmelzbade selbst durch chemische Reaktionen gebildet. Das Gewölbe verliert ständig Wärme durch Leitung, deshalb kann kurz vor dem Ende einer Schmelzung die Schlackenoberfläche heißer werden als das Gewölbe und die Wandflächen.

2. Wärmeverluste.

Clements[11]) fand in England den Martinofenwirkungsgrad*) eines basischen 60 t Ofens zu 17 Proz. Diese Zahl geht von dem Wärmeinhalt der Feuergase plus der aus der Verbrennung von CO aus dem Schmelzbade gebildeten Wärme, als der insgesamt erzeugten Wärme, aus und bedeutet, in Prozent dieser Gesamtwärme, diejenige Wärmemenge, welche vom Bade aufgenommen wird (die bei den Reaktionen im Bade entstandene Wärmemenge wird mit 100 Proz. eingesetzt, d. h. als verlustlos im Schmelzbade nutzbar gemacht). *Kinney* und *McDermott*[32]) bestimmten diesen Martinofenwirkungsgrad für einen amerikanischen Ofen und erhielten den Wert von 17,4 Proz. Den Wirkungsgrad des Ofens**) erhält man, wenn man die Verbrennungswärme des im Schmelzbade entwickelten CO ebenfalls mit 100 Proz. einsetzt. Die so erhaltene Zahl ergibt den Prozentsatz der aus dem Brennstoff erzeugten Wärme, welcher als Nutzwärme verbraucht worden ist. *Dyrssen*[16]) errechnete diesen Wirkungsgrad des Ofens für den von *Kinney* untersuchten Ofen und erhielt etwa 4 Proz.

Augenscheinlich wird der größte Teil der aus dem Brennstoff erzeugten Wärme im Siemens-Martin-Ofen dazu verbraucht, die verschiedenen Wärmeverluste im Ofen zu decken. Die obigen Zahlen liefern die Gesamtwirkungsgrade für den Betrieb durch alle Abschnitte einer Schmelzung. In der Einschmelzperiode ist der Wirkungsgrad des Ofens infolge der raschen Wärmeaufnahme durch den schmelzenden Einsatz zweifellos viel höher. Nach dem Niederschmelzen und der Bildung einer Schlackenschicht über dem Schmelzbade wird der Wirkungsgrad sehr gering. *Clements*[11]) gibt eine Wärmebilanz seines Ofens für eine halbstündige Betriebsdauer an, die kurze Zeit nach

---

*) „Bath efficiency.“
**) „Net thermal efficiency.“

dem vollständigen Einschmelzen und nach der Bildung der Schlackendecke beginnt. In dieser Zeit wurde Wärme nur für die Zersetzung des zugesetzten Kalkspats und die Erhöhung der Stahl- und Schlackentemperaturen um etwa 30° C nutzbar gemacht. Die Oxydation des Kohlenstoffs und des Phosphors im Schmelzbade deckte allein diesen Wärmebetrag mehr als genügend. Mit anderen Worten, während dieser Zeit wurde die gesamte aus dem Generatorgas erzeugte Wärme (90 Proz.) zuzüglich einer geringen Wärmemenge von der Oxydation im Schmelzbade (10 Proz.) dazu benutzt, um das Ofensystem auf der Betriebstemperatur zu erhalten, d. h. um die Wärmeverluste zu decken. *Clements*[11]) verteilte die Wärmeverluste für diese Periode folgendermaßen: Vom Schmelzbade und den Brennerenden ausgestrahlte Wärme 44 Proz., Wärmeverluste in den übrigen Teilen des Ofens 20 Proz., Wärmeverlust in den Abgasen 36 Proz.

Die Wärmeverluste in den Kammern, den absteigenden Zügen, den Rauchgaskanälen und im Schornstein kommen hauptsächlich durch einfache Leitung durch die Wände zustande. Die Verluste im Schmelzraum umfassen auch große, aber unbestimmte Wärmeverluste durch 1. Abströmen heißer Gase durch die Steinfugen in den Wänden und oberhalb der Türöffnungen und 2. Öffnungsstrahlung durch die geöffneten Türen beim Einsetzen, Flicken und Arbeiten am Schmelzbade. In den meisten amerikanischen Öfen entsteht ein großer Betrag (10 bis 15 Proz.) der Wärmeverluste durch die Kühlung. Andere kleine Verluste sind verhältnismäßig unwichtig für die Haltbarkeit der feuerfesten Baustoffe.

3. Maßgebende Faktoren
für die Temperaturen der Wandflächen des Herdraums.

Die Temperaturen der inneren Gewölbeoberfläche sind scheinbar hauptsächlich bestimmt durch die Arbeitstemperaturen, die zum Einschmelzen und zum Fertigmachen des Stahlbades erforderlich sind. Unabhängig davon, welche Wärmemenge durch das Gewölbe und die Seitenwände verlorengeht, muß die Herdseite etwas über der Temperatur des Schmelzbades bis zum Ende der Schmelzung gehalten werden, um brauchbaren Stahl zu erhalten. Der Einsatz wird im Ofen hauptsächlich durch Strahlung erhitzt, wobei ein rascher Wärmeaustausch zwischen dem Schmelzbade und den Wandflächen stattfindet. Das Gewölbe wird im allgemeinen nicht viel heißer werden als das Schmelzbad, weil jeder Wärmeüberschuß rasch auf das Schmelzbad übertragen wird. Andrerseits kann das Gewölbe nicht viel unter die Temperatur der Schlackenoberfläche abkühlen, selbst wenn die Wände dünn sind und die Wärme durch Leitung schnell abgeführt wird. (Vgl. Fig. 22, Kapitel III.) Wenn die Wärmeverluste durch das Gewölbe und die Wände zunehmen, muß die dem Ofen zugeführte Wärmemenge in demselben Verhältnis gesteigert werden, um die Stahlherstellung aufrechterhalten zu können. Natürlich kann eine Wandfläche durch lässiges Arbeiten leicht überhitzt werden, insbesondere wenn durch fehlerhafte Bauart Stichflammen an einer Stelle auftreten.

Das Gewölbe wirkt auf Überhitzungen ausgleichend durch Rückstrahlung auf das Schmelzbad ein. Kurz vor Beendigung einer Schmelzung, wenn die Endtemperaturen fast erreicht sind und die Schlacke so heiß oder heißer wird als das Gewölbe, kann sich das Gewölbe nicht mehr auf diese Weise abkühlen und neigt dann leicht zu Überhitzungen, wenn der Ofen nicht sorgfältig überwacht wird. Eine ruhige oder „tote" Schmelze hat eine Schlackenoberfläche, die einem Spiegel gleicht und den größten Teil der von der Flamme erhaltenen Strahlungsenergie reflektiert; sie ist dann oft die Ursache für eine Überhitzung des Gewölbes.

Viele Stahlwerker halten es für wichtig, eine glatte und glasierte Gewölbeoberfläche zu erhalten. Die Ansicht, daß ein glasiertes Gewölbe mehr Hitze verträgt, ist allgemein. Wohl die einzige vernünftige Erklärung hierfür scheint zu sein, daß ein glasiertes Gewölbe weniger Energie durch Strahlung aus der Flamme aufnimmt, vielmehr einen verhältnismäßig größeren Teil der Energie auf das Bad reflektiert. Während der Schmelz- und Überhitzungsperioden mag bei gleicher Gewölbetemperatur eine raschere Wärmeübertragung durch ein glasiertes Gewölbe möglich sein.

Sicherlich ist ein eingehenderes Studium dieser Probleme der Wärmeübertragung notwendig. Die Verfasser glauben jedoch, daß dem Einfluß dünner Wände und der Kühlung durch Luft und Wasser oft eine übertriebene Bedeutung für die Temperaturen an der Herdseite und die Geschwindigkeit der Zerstörung dieser Oberflächen durch Abschmelzen und Verschlacken beigelegt wird.

4. Isolierung und Wasserkühlung feuerfester Ofenteile.

Verbesserungen an der Ofenkonstruktion wurden in den letzten Jahren hauptsächlich bestimmt durch das ständige Verlangen nach Beschleunigung des Stahlprozesses. Mit großer Mühe und verhältnismäßig niedrigen Materialkosten ist es möglich, die Ofenleistung auf Kosten des Ofenwirkungsgrades und der Haltbarkeit der feuerfesten Baustoffe zu steigern. Die Arbeitstemperaturen sind im allgemeinen mit der Steigerung der Ofenleistung gestiegen. Da die feuerfesten Baustoffe an bestimmten Stellen bei dieser erhöhten Beanspruchung schnell zerstört wurden, baute man Wasserkühlung an diesen Stellen des Ofens ein, mit der Absicht, die Zustellung·an diesen Stellen zu schützen. (Vgl. die Angaben über Wasserkühlung im Kapitel I.) Eine solche Kühlung erreicht diesen Zweck nur zum Teil, sie erhöht den Brennstoffverbrauch und vereitelt oft sogar selbst ihren eigentlichen Zweck, indem sie den Ofen abkühlt. Für die üblichen feuerfesten Baustoffe scheint Wasserkühlung an gewissen Stellen meist noch notwendig zu sein.

Im allgemeinen scheinen aber alle neuzeitlichen Konstruktionen des Siemens-Martin-Ofens auf eine Vermehrung der durch das Ofensystem strömenden Gasmengen hinzuzielen; daraus ergeben sich erhöhte Anforderungen an die Zugwirkung des Schornsteins, an die Wärmespeicher und die Ofenwände, die der Korrosion durch Flugmitteloxyde aus den Feuergasen ausgesetzt sind. Um die Beanspruchung der feuerfesten Baustoffe zu mildern, sind Änderungen in der praktisch entgegengesetzten Richtung notwendig durch 1. Vereinfachung der Ofenkonstruktion und Verringerung schwacher Teile, welche Ofenstörungen verursachen können, und 2. Isolierung der Wände, Anwendung höherer Flammentemperaturen usw., um den Wirkungsgrad des Ofens zu erhöhen und das Gasvolumen zu verkleinern, das je Tonne Stahl durch den Ofen zieht.

Verbesserungsmöglichkeiten durch Isolierung der Öfen.

Über die Verwendung isolierter Wände liegen nur wenige praktische Versuche vor. Sie dürfte folgende Vorteile schaffen:

1. Die Wände werden undurchlässiger für Gase und verringern auf diese Weise das Eindringen von Falschluft und das Ausströmen heißer Gase aus dem Ofen.

2. Der Brennstoffverbrauch würde bei entsprechender Abnahme des Gasvolumens und der Geschwindigkeit der Abgase etwas verringert werden.

3. Es würde mehr Wärme in den Kammern und Wänden aufgespeichert werden. Die Ofentemperaturen würden gleichmäßiger werden, eine Abnahme des Absplitterns der Steine in einzelnen Ofenteilen wäre zu erwarten.

4. Die Temperaturregelung würde in einem isolierten Ofen durch die Verringerung seiner Wärmeverluste durch die Wände und die Aufspeicherung von Wärme in seiner Zustellung einfacher werden.

5. Die Dauer einer Schmelzung könnte schon bei der gleichen Höchsttemperatur des Gewölbes abgekürzt werden.

Eine vollständige Isolierung der Züge zu den Kammern und der Abgaskanäle hat sich als vollkommen ausführbar erwiesen. Die Isolierung der Schlackenkammern, Züge, Köpfe der Brennerrückwände und vielleicht auch der Kopfwände und Gewölbe würde ebenfalls keine unüberwindlichen Schwierigkeiten machen. Die Isolierung des Hauptgewölbes und der Seitenwände ist eine viel bedenklichere Aufgabe, weil diese Ofenteile bis zu Temperaturen beansprucht werden, die sehr dicht am Schmelzpunkt der Silicasteine liegen. Die äußeren kühleren Zonen der Steine in nicht isolierten Gewölben unterliegen wahrscheinlich der größten Belastung. Ein isoliertes Silicagewölbe, dessen ganze Zustellung bis nahe auf die Temperatur der Herdseite gebracht wird, dürfte unter der Belastung im Betriebe zusammenbrechen. Die zufällige Überhitzung des Gewölbes, die zuweilen in sehr vielen Öfen auftritt, würde viel ernstere Folgen haben, wenn das Gewölbe isoliert wäre. Diese Tatsachen können nur durch genaue Versuche festgestellt werden. Um in dieser Hinsicht Verbesserungen schaffen zu können, sollte man mit einem kleinen basischen Siemens-Martin-Ofen beginnen und zunächst eine Isolierung der Abgaskanäle und Kammern vornehmen. Sie könnte dann allmählich auf immer heißere Ofenteile ausgedehnt werden, die Ofenführung wäre dabei den geänderten Betriebsbedingungen anzupassen. Eine solche Versuchsreihe an verschiedenen Öfen würde die praktischen Grenzen der Isolierung bei den zur Zeit gebräuchlichen feuerfesten Baustoffen festlegen.

Viele Stahlwerker sind der Ansicht, daß bei Isolierung einer Wand die Temperatur an der Herdseite steigen müßte und daß ein rascherer Verschleiß einträte. Natürlich fehlen hierüber noch genaue Daten, aber es ist ebenso möglich, daß weder Luftkühlung noch Wasserkühlung oder Isolierung an der Außenseite einer Wand eine große Wirkung auf die Temperaturen an der Herdseite haben. Natürlich wird, wenn brauchbare hochfeuerfeste Baustoffe für die Verwendung im Gewölbe, in den Seitenwänden und Brennerkanälen hergestellt werden, kein Zweifel mehr darüber bestehen, daß die vollständige Isolierung von Öfen empfehlenswert ist. Selbst mit den jetzt zur Verfügung stehenden feuerfesten Baustoffen dürfte die zunehmende Isolierung von Siemens-Martin-Öfen im Laufe einer natürlichen Entwicklung liegen.

5. Die Verwendung von sauerstoffangereicherter Verbrennungsluft im Siemens-Martin-Ofen.

Über die Anwendung von mit Sauerstoff angereicherter Luft im Siemens-Martin-Ofen sind erst wenige Versuche angestellt worden. Sie ist vermutlich in einem oder zwei deutschen Öfen benutzt worden, aber nur während der Einschmelzperiode der Chargen. Die Berichte hierüber geben an, daß die durch Anreicherung des Sauerstoffs in der Verbrennungsluft erzielten hohen Flammentemperaturen leicht zur Überhitzung des Gewölbes und der Ofenköpfe in der Nähe der Flamme führen, wenn sich der Ofen nach dem Einschmelzen den Höchsttemperaturen nähert. Sauerstoffangereicherte Luft liefert kürzere und heißere Flammen mit kurzer Brennzeit, es ist deshalb eine Ofensonderkonstruktion notwendig, um eine gleichmäßige Temperaturverteilung im Schmelzraum erzielen zu können. Dies trifft besonders für Silicagewölbe zu, welche bei den Temperaturen der Stahlherstellung nur einen geringen Sicherheitskoeffizienten besitzen. Der rasche Strahlungsaustausch bei derartigen Temperaturen kann jedoch die Wirkung solcher intensiver Flammen ausgleichen.

Bei Verwendung sauerstoffangereicherter Luft können die Öfen ohne Wärmespeicher betrieben werden. Damit würde natürlich, außer der Vereinfachung der Ofenkonstruktion, das Zusetzen des Gitterwerks und die Füllung der Schlackenkammern mit Flugstaub aus der Zahl der verschiedenen Ursachen, welche Ofenreparaturen und Stillsetzungen notwendig machen, ausscheiden.

Theoretisch sollte die Zumischung von Sauerstoff noch größere Aussichten auf Erfolg bei isolierten Öfen haben, da hier ein besserer Ofenwirkungsgrad und geringerer Sauerstoffverbrauch je Tonne hergestellten Stahls zu erwarten wäre.

Alle diese Vervollkommnungen, Bau gasdichter Wände, Wärmeisolierung, sauerstoffangereicherte Verbrennungsluft, höhere Flammentemperaturen usw. würden die Beanspruchung der feuerfesten Baustoffe mildern, wenn sie ohne Überhitzen und Abschmelzen der Ofenzustellung angewendet werden könnten. Sie alle tragen dazu bei, die Menge und die Geschwindigkeit der durchstreichenden Feuergase zu verringern. Es würde weniger Flußmittelstaub aus dem Schmelzbade mitgerissen und auf das Gewölbe, die Seitenwände und Brennerkanäle getragen werden, wodurch auch eine geringere Abnutzung dieser Wände durch Schlackenangriff erreicht werden würde. Die Schlackenkammern würden sich langsamer füllen. Die Kammern würden aus folgenden zwei Gründen eine längere Lebensdauer haben: 1. weil weniger Flugstaubteilchen zum Gitterwerk gelangen und seine Öffnungen verstopfen würden, und 2. weil infolge der kleineren Gas- und Luftmengen, die dann zu erhitzen wären, die Kammern bei üblicher Größe einen besseren Wirkungsgrad haben würden. Die Schieber könnten beim Beginn einer Ofenreise fast geschlossen und allmählich in demselben Maße geöffnet werden, wie die Zwischenräume im Gitterwerk durch Flugstaubablagerungen verkleinert werden.

6. Hängegewölbe.

Die Verwendung von Hängegewölben hat sich in einigen Öfen als recht erfolgreich erwiesen. Diese Konstruktion vermindert die Gefahr des Abplatzens der Steine, indem sie die Pressung zwischen den Gewölbeformsteinen aufhebt und auch Gewölbeausbesserungen etwas erleichtert. Es erscheint wohl möglich, daß die Abnutzung der Silicasteine in solchen Gewölben durch Abschmelzen und Flußmittelangriff auf dieselbe Weise vor sich geht wie in einem gewöhnlichen Gewölbe. Da man aber stark korrodierte Partien bei Stillsetzungen der Öfen ersetzen kann, ist es möglich, daß Teile eines Hängegewölbes zwei oder drei Ofenreisen normaler Dauer aushalten.

7. Abgeschrägte Rückwände.

Einen interessanten Fortschritt in der Ofenkonstruktion bildet die Schaffung abgeschrägter Rückwände, welche während des normalen Ofenbetriebes ausgebessert werden können. Ein solches Verfahren besteht darin, daß man die Eisenarmierung direkt über der Schlackenzone in einem Winkel ausbiegt. Es können dann Stahlplatten aufgelegt und Magnesit- oder Chromitsteine in einer Schicht von 38 bis 51 cm auf die Träger gebracht werden. Dieser schräge Teil kann mit gekörntem Magnesit oder Dolomit oder mit gemahlenem Chromit ausgestampft und geflickt werden. Über diesem Teil liegt die Eisenarmierung senkrecht bis zu den Auflagern, der senkrechte obere Teil der Wand wird, wie üblich, mit Silica- oder Chromitsteinen zugestellt. Bei einer solchen Bauart wird der Herd des Ofens bis nahe an die Widerlager heraufgezogen. Hierdurch wird die untere Rückwand, die einen ziemlich schwachen Teil des Ofens darstellt, überflüssig.

Allgemeine Schlußfolgerungen.

Es ist kaum möglich, alle wesentlichen Gesichtspunkte für ein so verwickeltes Problem wie das in diesem Bericht angeschnittene kurz zusammenzufassen. Es erscheint jedoch vorteilhaft, hier einige der wichtigeren Anforderungen anzuführen, die bei allen weiteren Fortschrittsarbeiten, die Untersuchung und die Herstellung feuerfester Baustoffe oder die Ofenkonstruktion betreffend, zu beachten sind.

1. Die Bildung feinverteilter Flußmitteloxyde aus dem Schmelzbade ist offenbar eine beim Siemens-Martin-Ofenprozeß unvermeidliche Begleiterscheinung. Eisenoxyd, in einer dem Fe_3O_4 nahekommenden Zusammensetzung, bildet den Hauptbestandteil dieser Flugstaubteilchen. Sie werden hauptsächlich gebildet a) durch Spritzen des Metalls beim Schmelzen oder Kochen in oxydierender Atmosphäre, und b) durch Oxydation und Kondensation von Metalldämpfen, die aus dem geschmolzenen Stahl stammen. Außerdem enthält der Flugstaub kleinere Mengen Manganoxyd, Kieselsäure, Magnesia und Kalk, von denen die beiden letzteren durch das Verstäuben von Kalk und Dolomit gebildet werden. Ein geringer Anteil der Flußmittelteilchen stammt aus der Schlackendecke.

2. Die Größe der meisten dieser Teilchen schwankt zwischen ungefähr $20\,\mu$ ($= 0,02$ mm) im Durchmesser bis herab zu kolloidalen Größen. Sie werden leicht, im Abgasstrom schwebend, fortgetragen, ihre Konzentration nimmt von einem Höchstwert von 1,26 bis 1,68 g/cbm Gas in den Brennerenden bis zu wenigen Zehnteln eines Gramms in 1 cbm Gas im Schornstein ab.

3. Kieselsäure und Eisenoxyduloxyd Fe_3O_4 scheinen keine chemischen Verbindungen miteinander zu bilden, bei den Betriebstemperaturen des Siemens-Martin-Ofens lösen sie sich aber scheinbar ineinander und bilden Lösungen von geringer Viscosität, aus denen sich beim Abkühlen Magnetit und Cristobalit ausscheiden.

4. In der ersten Woche einer Ofenreise saugen die porösen Silicasteine die aus den Oxydteilchen und der Kieselsäure gebildete flüssige Schlacke auf, die Steine kristallisieren unter Ausbildung eines bestimmten zonalen Gefüges allmählich um. Die Erweichung der mit Flußmitteln gesättigten Zonen liegt 33 bis 67° C niedriger als bei ungebrauchten Steinen. Die weitere Einwirkung der Flußmittel nach der Sättigung findet dann nur noch auf der gesättigten Steinoberfläche statt, wobei die Schmelzflüsse langsam in das Schmelzbad oder in die Schlackenkammern herabtropfen. Diese Oberflächenkorrosion kann man als den normalen Verlauf ·der Abnutzung der Ofenwände bezeichnen.

5. Der Erweichungsbeginn flußmittelgesättigter Silicasteine liegt bei etwa 1635 bis 1650° C. Forciert betriebene Öfen haben normalerweise am Ende der Schmelzung Gewölbetemperaturen an der Herdseite von etwa 1607 bis 1621° C. Unter diesen Umständen ruft schon eine schwache Überhitzung ein mehr oder weniger starkes Erweichen und Herabtropfen des Gewölbes hervor. Dies tritt häufig in den meisten Öfen ein.

6. Bei den Temperaturen des Stahlprozesses bewirkt der rasche Wärmeaustausch durch Strahlung an den Oberflächen des Gewölbes, der Wände, des Schmelzbades usw. einen nahezu vollständigen Temperaturausgleich, wenn nicht eine dieser Oberflächen die Wärme rasch ableitet, wie z. B. die Charge während der Einschmelzperiode. Während der Läuterperiode der Schmelze,

wenn also das Metall mit einer Schlackenschicht bedeckt ist, ist die Temperatur der Herdraumflächen fast gleichmäßig. Der Schmelzraum kommt dann einem vollkommen schwarzen Körper sehr nahe, deshalb entsprechen die durch ein Schauloch bei Abwesenheit von Flammen optisch gemessenen Temperaturen fast genau den wahren Temperaturen. Infolge Reflexionserscheinungen an der Flamme sind die bei Anwesenheit von Flammen gemessenen Temperaturen zu hoch; diese Abweichungen schwanken stark zwischen 6 und 167° C.

7. Der Wärmeaustausch zwischen den Herdraumwänden bei den Temperaturen des Siemens-Martin-Ofens erfolgt äußerst rasch im Vergleich zu der Geschwindigkeit der Wärmeableitung durch die Wände hindurch. Daher muß die Herdseite auf 1510 bis 1620° C gehalten werden, um ein rasches Einschmelzen und Fertigmachen der Charge zu erreichen. Aus diesen zwei Bedingungen und anderen Gesichtspunkten heraus ergeben sich folgende Schlußfolgerungen:

a) Die regelmäßigen Schwankungen in der Ofentemperatur teilen sich nur den inneren Zonen der Zustellung mit und sind fast unabhängig von den Außentemperaturen oder der Wandstärke.

b) Wasser- oder Luftkühlung der feuerfesten Wände hat sehr geringen Einfluß auf die Innentemperaturen und auf die Geschwindigkeit der Korrosion der Wände durch Flußmittelangriff oder durch Abschmelzen. Umgekehrt würde eine gute Isolierung der Wände nicht unbedingt die Erhöhung der Temperaturen an der Herdseite zur Folge haben müssen.

c) Die Wärmeübertragung im Schmelzraum kommt zum größten Teil durch Strahlung zustande, wodurch eine Neigung zum Temperaturausgleich entsteht. Stichflammen oder Prellfeuer erhöhen die Wärmezufuhr zu der getroffenen Stelle und verursachen örtliche Überhitzungen.

8. Nachstehende Probleme dürften in Verbindung mit dem mehr allgemeinen Problem der feuerfesten Baustoffe für Siemens-Martin-Öfen für eine Bearbeitung zu empfehlen sein:

a) Der Dampfdruck des Eisens bei Temperaturen über seinem Schmelzpunkt.

b) Die Beziehungen in den Systemen Fe_3O_4-SiO_2 und FeO-SiO_2 und der Einfluß vom Kalk auf diese Systeme.

c) Die Einwirkung der Ablagerungen in den Kammern des Siemens-Martin-Ofens auf verschiedene feuerfeste Massen in verschiedenen Temperaturbereichen.

d) Die physikalischen Veränderungen in Chromit-, Magnesit- und verschiedenen Spezialsteinen im Siemens-Martin-Ofenbetrieb.

e) Die Abnahme der Viscosität ungebrauchter und gebrauchter feuerfester Steine bei Temperaturen dicht unter ihrem Schmelzpunkt.

9. Isolierung, Sauerstoffanreicherung der Verbrennungsluft und Einschränkung der Wasserkühlung auf ein Mindestmaß sind die folgerichtigen Methoden zur Verbesserung des Wirkungsgrades des Ofens; sie würden sicherlich benutzt werden, wenn wir feuerfeste Baustoffe mit höherem Schmelz-

punkt zur Verfügung hätten. Aber selbst mit Silicasteinen sollte es möglich sein, derartige Methoden in größerem Maße anzuwenden. Solche Verbesserungen des Wirkungsgrades würden die Beanspruchung der feuerfesten Baustoffe mildern, und zwar a) durch Vereinfachung des Ofenbetriebes, b) durch Verringerung der Gasmengen und der Gasgeschwindigkeit, und c) durch Verringerung der Menge der an die Wände und in die Kammern von den Feuergasen geführten Flußmitteloxyde.

10. Die Forschungsarbeit über die Ausbildung neuer und verbesserter feuerfester Baustoffe und Prüfungsmethoden sollte fortgesetzt werden, ohne Rücksicht darauf, ob derartige neue Erzeugnisse von sofortigem praktischen Wert in den heutigen Siemens-Martin-Öfen sind. Verbesserung der feuerfesten Baustoffe, Verlängerung ihrer Haltbarkeit, genauere Ofenkontrolle und Verbesserung der Konstruktion und des Wirkungsgrades der Öfen, alle diese Faktoren stehen in enger Beziehung zueinander. Viele Verbesserungsmöglichkeiten für die Ofenkonstruktion hängen von der Ausbildung besserer feuerfester Baustoffe ab. Umgekehrt werden neue Baustoffe und Konstruktionsmethoden voraussichtlich ihren vollen Wert nur dann zeigen, wenn sie in Öfen mit besserer Ausnutzung der eingebrachten Wärme und abgekürzter Chargendauer zur Anwendung gelangen.

Schrifttum.

1. *Bied, J.,* Silica brick in open-hearth furnace roofs. Compt. Rend. **166**, 1918, S. 776 bis 778.
2. *Bigot, A.,* A study of silica products. Trans. Cer. Soc. **18**, 1919, S. 165—181; J. Amer. Cer. Soc. **3**, 1919, S. 164—165.
3. *Blasberg, O.,* Über die Wandlung in der Zusammensetzung feuerfester Steine. Stahleisen **30**, 1910, S. 1055—1060.
4. *Bone, W. A., Hadfield, R.,* and *A. Hutchinson,* Reports on fuel economy and consumption in iron and steel manufacture. J. Iron and Steel Inst. **100**, 1918, Nr. 11, S. 11—138.
5. *Booze, M. C.,* Fireclay brick for the open hearth. J. Amer. Cer. Soc. **7**, 1924, Nr. 9, S. 686—690.
6. *Bowen, N. L.,* Diffusion in silicate melts. J. Geol. **29**, 1921, S. 295—317.
7. *Bowen, N. L.,* The ternary system: Diopside-forsterite-silica. Amer. J. Sci. 4th Series, Vol. 38, 1914, S. 218—264.
8. *Bowen, N. L.,* and *Olaf Anderson,* The binary system MgO-SiO_2. Amer. J. Sci. 4th Series, Vol. 37, 1914, S. 487.
9. *Bradshaw, L.,* and *W. Emery,* Some comparative tests of machine-made and handmade silica bricks. Trans. Cer. Soc. **19**, 1919, S. 73—84.
10. *Burgess, G. K.,* Temperature measurements in Bessemer and open-hearth practice. Tech. Paper 91, Bureau of Standards, 1917, S. 29ff.
11. *Clements, Fred.,* British Siemens furnace practice. Trans. Iron and Steel Inst. **105**, 1922, Nr. 1, S. 429—490.
12. *Cornell, Sidney,* Some conditions necessary in the selection of refractories for the open-hearth. J. Amer. Cer. Soc. **7**, 1924, Nr. 9, S. 670—681.
13. *Cronshaw, H. B.,* Deterioration of refractory materials, with especial reference to open-hearth practice. Iron and Steel Inst., Carnegie Scholarship Memoirs, **17**, 1916, S. 18—38 u. 172—194.
14. *Davis, F. W.,* Use of oxygen or oxygenated air in metallurgical and allied processes. Reports of Investigations Serial Nr. 2502, Bureau of Mines, July 1923, S. 21 bis 33.
14a. *Davis, F. W.,* and *G. A. Bole,* Observations on requirements of refractories for the open hearth. Trans. Amer. Inst. Min. and Met. Eng. **70**, 1924, S. 186—195, Diskussion S. 195—200.
15. *Day, A. L.,* and *E. S. Shephard,* The lime-silica series of minerals. Amer. J. Sci. 4th Series, Vol. 22, Nr. 130, 1906, S. 265—302.
16. *Dyrssen, W.,* Recovery of waste heat in open-hearth practice. J. Iron and Steel Inst. **109**, 1924, S. 175—255.
17. *Endell, K.,* Über die Konstitution der Dinassteine. Stahleisen **32**, 1912, S. 392—397.
18. *Fenner, C. N.,* The relation between tridymite and cristobalite. J. Soc. Glass Tech. **3**, 1919, S. 116—125.
19. *Fenner, C. N.,* Stability relations of the silica minerals. Amer. J. Sci. **36**, 1913, S. 331—384.
20. *Ferguson, J. B.,* and *H .E. Mervin,* Melting points of cristobalite and tridymite. Amer. J. Sci. **46**, 1918, S. 417—426.

20a. *Fletcher, J. E.*, On the cooling of steel in ingot and other forms. J. Iron and Steel Inst. (British) **98**, 1918, Nr. 2, S. 259—260.

21. *Graham, C. S.*, Seasoned silica brick from roof of a basic open-hearth furnace after 135 charges. Trans. Cer. Soc. **18**, 1919, Nr. 11, S. 399—406.

22. *Greenwood, H. C.*, The boiling points of metals. Trans. Faraday Soc. **1**, 1911, Nr. 1, S. 145—157.

23. *Greenwood, J. N.*, Determinations of the corrections to optical pyrometer readings taken during steel making and casting. Iron and Steel Inst., Carnegie Scholarship Memoirs, **12**, 1923, S. 27—74.

24. *Griffith, R. E.*, Chrome refractories for the open hearth. J. Amer. Cer. Soc. **7**, 1924, Nr. 9, S. 690—698.

25. *Grum-Grijmajlo, W. E.*, übersetzt von *A. D. Williams*, Flow of gases in furnaces. John Wiley and Sons, 1923, S. 399 ff.

26. *Harrison, H. C.*, Roof brick for the open hearth. J. Amer. Cer. Soc. **7**, 1924, Nr. 9, S. 698—705.

27. *Houldsworth, H. S.*, and *J. W. Cobb*, The reversible thermal expansion of silica. Trans. Cer. Soc. **21**, 1922, S. 225—276.

28. *Johns, Cosmo*, The solid and liquid states of steel. J. West of Scotland Iron and Steel Inst. **26**, 1918, S. 36—46.

29. *Johns, Cosmo*, Observations on the surface of liquid steel. Iron Age **109**, 1922, S. 719 bis 720.

30. *Johns, Cosmo*, Observations on the surface of liquid steel under industrial conditions. Brit. Assoc. Adv. Sci. sec. B. Sept. 1921. Unveröffentlicht, Referat in J. Iron and Steel Inst. **104**, 1921, S. 375—376.

31. *Johns, Cosmo*, Determination of temperature of liquid steel under industrial conditions. Trans. Faraday Soc. **13**, 1918, Part III, S. 280—288.

32. *Kinney, C. L.*, and *McDermott, G. R.* The thermal efficiency and heat balance of an open-hearth furnace. Year Book of Amer. Iron and Steel Inst. 1922, S. 464 bis 507.

33. *Le Chatelier, H.*, Sur la cristobalite. Compt. Rend. **163**, 1916, S. 948—954.

34. *Le Chatelier, H.*, and *B. Bogitch*, The action of iron oxides upon silica. Compt. Rend. **166**, 1918, S. 764—769.

35. *Lent, H.*, Der heutige Stand der Erkenntnis des Wärmeüberganges durch Gase. Stahleisen **45**, 1925, S. 938—940.

35a. *Litinsky, L.*, Schamotte und Silika. Ihre Eigenschaften, Verwendung und Prüfung. Leipzig 1925. Otto Spamer.

36. *Lyon, D. A.*, Some considerations necessary in selection of refractories for the open hearth. Symposion, J. Amer. Cer. Soc. **7**, 1924, Nr. 9, S. 705—717.

37. *McDowell, J. S.*, Refractories in steel industry. Part I und II. Blast Furnace and Steel Plant. **11**, 1923, S. 525—529, 569—574.

38. *McDowell, J. S.*, A Study of the silica refractories. Trans. Amer. Inst. Min. Eng. **57**, 1917/18, S. 3—61.

39. *McDowell, J. S.*, and *R. M. Howe*, Basic refractories for the open hearth. Trans. Amer. Inst. Min. Eng. **62**, 1918/19, S. 90—112.

40. *Rankin, G. A.*, and *H. E. Mervin*, The ternary system $MgO\text{-}Al_2O_3\text{-}SiO_2$. Amer. J. Sci. **195**, 1918, S. 301—325.

41. *Rankin, G. A.*, and *F. E. Wright*, The ternary System $CaO\text{-}Al_2O_3\text{-}SiO_2$. Amer. J. Sci. 4th Series, Vol. 39, 1915, S. 1—79.

42. *Rees, W. J.*, The changes which take place in silica brick during their use in open-hearth furnaces. J. Amer. Cer. Soc. **8**, 1925, Nr. 1, S. 40—42.

43. *Rengade, M. E.*, Sur la composition des briques de silice provenant des voutes de four Martin. Compt. Rend. **166**, 1918, S. 779—781.

44. *Schack, A.*, Der Wärmeübergang in technischen Feuerungen unter dem Einfluß der Eigenstrahlung. Mitt. d. Wärmest. des Ver. deutsch. Eisenhüttenleute Nr. 55, Dez. 1923.

45. *Schack, A.,* und *K. Rummel,* Die Anwendung der Gesetze des Wärmeüberganges und der Wärmestrahlung in der Praxis. Mitt. d. Wärmest. des Ver. deutsch. Eisenhüttenleute Nr. 51, Aug. 1923.
46. *Scott, Alexander,* The constitution of silica bricks. Trans. Cer. Soc. 17, 1918, Nr. 11, S. 459—474.
47. *Sosman, R. B.,* The common refractory oxides. Ind. and Eng. Chem. 8, 1917, S. 985 bis 990.
48. *Stead, J. E.,* Notes on a silica brick from the roof of an open-hearth furnace. Trans. Cer. Soc. 18, 1918, Nr. 11, S. 389—398.
49. Symposion on Pyrometry. Amer. Inst. Min. and Met. Eng., National Research Council and Bureau of Standards, on Sept. 1919, 1920, S. 701, 267—284.
50. *Trinks, W.,* Industrial Furnaces. Vol. I und II, 1923 und 1925, S. 319 und 405, John Wiley and Sons.
51. *Whitely, J. H.,* and *A. F. Hallimond,* The action of iron oxides upon the acid furnace structure. J. Iron and Steel Inst. 100, 1919, Nr. 11, S. 159—186.
52. *Whitely, J. H.,* and *A. F. Hallimond,* Acid hearth and slag. J. Iron and Steel Inst. 99, 1919, Nr. 1, S. 199—253.
53. *Whitely, J. H.,* and *A. F. Hallimond,* The acid hearth, the slag, and the steel. Iron Age 104, 1919, S. 1274—1275.
54. *Williams, C. E.,* Operating conditions in the open hearth as they effect refractories. J. Amer. Cer. Soc. 7, 1924, Nr. 9, S. 681—686.
55. *Wilson, Hewitt,* High-temperature load and fusion tests of firebrick of Pacific Northwest and comparison with other well-known firebrick. J. Amer. Cer. Soc. 7, 1924, Nr. 1, S. 34—51.
56. *Wilson, H., C. E. Sims* and *F. W. Schroeder,* Artificial sillimanite as a refractory. Part I und Part II. J. Amer. Cer. Soc. 7, 1924, Nr. 11 u. 12, S. 842—855, 907—919.

Sachregister.